Wissenschaftsgeschichte

Einblicke in die Wissenschaft

Rudolf Mett

Regiomontanus
Wegbereiter des neuen Weltbildes

In der populärwissenschaftlichen Sammlung

Einblicke in die Wissenschaft

mit den Schwerpunkten Mathematik – Naturwissenschaften – Technik werden in allgemeinverständlicher Form

- elementare Fragestellungen zu interessanten Problemen aufgegriffen,
- Themen aus der aktuellen Forschung behandelt,
- historische Zusammenhänge aufgehellt,
- Leben und Werk bedeutender Forscher und Erfinder vorgestellt.

Diese Reihe ermöglicht interessierten Laien einen einfachen Einstieg, bietet aber auch Fachleuten anregende, unterhaltsame und zugleich fundierte Einblicke in die Wissenschaft.

Jeder Band ist in sich abgeschlossen und leicht lesbar.

Rudolf Mett

Regiomontanus

Wegbereiter des neuen Weltbildes

B. G. Teubner Verlagsgesellschaft
Stuttgart · Leipzig

Hochschulverlag AG an der ETH Zürich

Rudolf Mett

D-97486 Königsberg i. Bay.

Bildnachweis:
Germanisches Nationalmuseum Nürnberg: Abb. 10, 11, 12, 13, 18, 21, 22, 27, 33
R. Mett, Königsberg: Abb. 8, 17, 19, 25, 28, 29
Stadtarchiv Königsberg: Abb. 3, 4, 5, 6, 7, 9, 15, 16, 20, 23, 24, 26, 30, 31, 32, 35, 36, 37, 38
E. Zinner [126]: Abb. 1, 2, 14, 34

Gedruckt auf chlorfrei gebleichtem Papier.

Die Deutsche Bibliothek – CIP-Einheitsaufnahme

Mett, Rudolf:
Regiomontanus : Wegbereiter des neuen Weltbildes / Rudolf Mett. -
Stuttgart ; Leipzig : Teubner ; Zürich : vdf, Hochsch.-Verl. an der ETH, 1996
(Einblicke in die Wissenschaft : Wissenschaftsgeschichte)
ISBN 978-3-8154-2510-7 ISBN 978-3-663-05941-7 (eBook)
DOI 10.1007/978-3-663-05941-7

Bindung: Buchbinderei Bettina Mönch, Leipzig
Umschlaggestaltung: E. Kretschmer, Leipzig

Vorwort

Das Leben und Wirken des Astronomen Johannes Müller, genannt Regiomontanus, hat Univ. Prof. Dr. h. c. Ernst Zinner umfassend erforscht. Seine hervorragende und nicht hoch genug zu schätzende Arbeit wurde von der Bayerischen Akademie der Wissenschaften München 1938 veröffentlicht. Die darin enthaltenen Ausführungen geben den Wissensstand der 30er Jahre wieder. Die zweite Auflage erschien 1968 in Osnabrück. Sie übernahm, von wenigen Verbesserungen abgesehen, den Inhalt der ersten Auflage. Die Regiomontanusforschung ist jedoch inzwischen in einzelnen Fragen weitergekommen. Ernst Zinners Werk müßte daher ergänzt oder berichtigt werden.

Die Österreichische Akademie der Wissenschaften und die Universität Wien hielten aus Anlaß der Wiederkehr des 500. Todesjahres Regiomontans 1976 ein einwöchiges Symposium ab, an dem sich Astronomen, Mathematiker und Historiker aus zahlreichen europäischen Ländern beteiligten. Günther Hamann (1924 - 1994) sammelte alle seinerzeit gehaltenen Vorträge und konnte mit ihrer Veröffentlichung ergänzend zu Zinners Werk der Regiomontanusforschung eine überaus wertvolle weitere Quelle zur Verfügung stellen. Die *Regiomontanus-Studien* sind allerdings eine Sammelpublikation mit in sich abgeschlossenen Beiträgen. Es kommt hinzu, daß zahlreiche Aufsätze und Studien neueren Datums in verschiedenen anderen Publikationsorganen erschienen sind. Ich unternehme nunmehr den Versuch, die wichtig erscheinenden Erkenntnisse aus dem neueren Schrifttum in die Gesamtbiographie Regiomontans einzuarbeiten, darunter eigene Veröffentlichungen, die wegen der Vollständigkeit in wesentlichen Teilen ebenso zu übernehmen waren.

Die verständliche Begrenzung des Buchumfanges zwang jedoch zur Auswahl. Die unstrittigen Abläufe im Leben Regiomontans mußten kürzer gefaßt werden. Der mathematisch-naturwissenschaftliche Aspekt konnte nur insoweit abgehandelt werden, als er zum Verständnis der Leistungen Regiomontans erforderlich ist. Falls weiterreichende Informationen benötigt werden, wird auf die beigegebene Bibliographie verwiesen. Wenn es dieser Buchausgabe dennoch gelingt, ein "Kleiner Zinner für den Handgebrauch" zu werden, im übrigen durch die lesenswerte und informative Lektüre den Namen Regiomontans über den bisherigen Interessentenkreis hinaus bekanntzumachen, ist das Ziel dieser Arbeit erreicht.

Der freundschaftlichen Verbindung mit Herrn Univ. Prof. Dr. Günther Hamann (†), Wien, verdanke ich eine besondere Förderung. Die hilfreiche Unterstützung, die ich durch Herrn Univ. Prof. Dr. Helmuth Grössing, Wien, bei meiner Forschungsarbeit erfahren habe, bleibt mir in dankbarer Erinnerung. Dankbar bin ich auch einer Reihe von Persönlichkeiten, die durch Anregungen, Gespräche, Diskussionen und Auskünfte mein Wissen ergänzten. Ich nenne insbesondere die Herren Dr. Konradin Ferrari d'Occhieppo, Professor für Theoretische Astronomie in Wien; Univ. Prof. Dr. Felix Schmeidler, Astronom in München; Prof. Dr. Wolfgang Kaunzner, Mathematiker in Regensburg; Dr. Fritz Nagel aus Basel; Pater DDr. Adalbert Heussinger in Rom, der die Verbindung zum Vatikanischen Archiv herstellte; Dr. Thomas Frenz, der die Pfründenurkunden interpretierte; und schließlich Oberstudiendirektor a. D. Hans Zinsmeister, München, der die Briefe Regiomontans übersetzte.

Nicht zuletzt danke ich dem Verlag B. G. Teubner und vor allem Herrn Jürgen Weiß für die stets freundliche Beratung. Ich freue mich, daß diese Biographie in Leipzig erscheinen kann, in der Stadt, in der Regiomontanus seine kometenhafte Wissenschaftslaufbahn begann.

Königsberg i. Bay., März 1996 Rudolf Mett

Inhalt

Meiner Familie in Dankbarkeit gewidmet.

R. M.

Wenn wir auch bezweifeln, daß unsere Lebenszeit ausreichen wird ..., so muß man es doch nach besten Kräften versuchen, der Wahrheit näherzukommen, damit wir nicht beschuldigt werden können, unser Leben in müßigem Nichtstun verbracht zu haben.

Regiomontanus

Abb. 1: Regiomontanus und Ptolemaios unter der Weltkugel. Venedig 1496

Einleitung

Anfänge einer wissenschaftlichen Astronomie finden wir bereits in früher Zeit. Chinesen (1 000 v. Chr. - 1 300 n. Chr.), Inder (1 000 v. Chr. - 1 000 n. Chr.), Babylonier (2 500 v. Chr. - 100 v. Chr.) und Ägypter (3 000 v. Chr. - 300 v. Chr.) kamen zu erstaunlichen Ergebnissen [55, S. 8 f.].
Diese alten Kulturvölker hatten zwei Beweggründe, ihre Kenntnisse über den Himmel zu erweitern. Das geheimnisvolle, ehrfurchterregende Himmelsgewölbe mit der sich bewegenden Sonne, dem Mond und den Sternen beflügelte die Phantasie der Menschen und führte zu einer religiösen Verehrung. Hinzu kam der Glaube, daß daraus auch die Zukunft herauszulesen sei. Die Astrologie entfaltete sich. Astronomie und Astrologie waren eins. Zum anderen lag aber auch ein praktisches Bedürfnis vor. Die Himmelsvorgänge sollten eine geordnete Zeitbestimmung möglich machen. Die auf einem hohen Wissensstand stehenden Völker hatten damit die unmittelbare Vorstufe einer wissenschaftlichen Astronomie erreicht [4, S. 9].
Nach den Babyloniern und Ägyptern übernahmen die Griechen deren astronomisches und mathematisches Wissensgut. Herausragende Geistesgrößen begründeten den wissenschaftlichen Ruhm der klassischen Antike: Thales von Milet, Pythagoras, Hippokrates (Ionische Periode von etwa 600 v. Chr. - 400 v. Chr.). Es folgten die Sophisten, Platon, Aristoteles, Eudoxos (Athenische Periode von etwa 400 v. Chr. - 300 v. Chr.). Die Alexandrinische Periode von etwa 300 v. Chr. - 200 v. Chr. bringt Männer wie Eukleides (Euklid), Aristarchos, Archimedes, Nikomedes hervor. In der Spätzeit der griechischen Mathematik von etwa 200 v. Chr. - 300 nach der Zeitwende wirkten Hipparchos, Menelaos, Ptolemaios, Diophantos.
Einigen berühmten Namen werden wir später begegnen. Nicht von ungefähr wird Hartmann Schedel 1493 in seiner Weltchronik auf ein antikes Vorbild zurückgreifen und Regiomontanus dem

Griechen Archimedes gleichsetzen (... *nicht ein mynndrer dann ... als ... der Siracusanisch Archimedes* - Blatt CCLV). Archimedes (287 - 212 v. Chr.) war zweifellos der bedeutendste Mathematiker des Altertums und genoß als Wissenschaftler ungeheures Ansehen. Er wurde im Zweiten Punischen Krieg von einem plündernden römischen Soldaten erschlagen [55, S. 14, 18].

Die griechische Astronomie war mehr auf die theoretische Naturbetrachtung gerichtet. Das empirische Wissen entnahm man babylonischen Quellen. Die Bewegungen der Himmelskörper erklärten die Griechen als Ausfluß allgemeiner Prinzipien, die es zu erforschen galt. Reines Erkenntnisstreben ließ sie Sternkunde und Mathematik betreiben. Religiöse Motive traten zurück. Natürlich haben griechische Astronomen auch Beobachtungen durchgeführt. Sonne und Mond waren für sie kugelförmig. Die Kugelgestalt der Erde hatten bereits die Pythagoräer gelehrt [4, S. 32 f.].

Mit der Gründung der Alexandrinischen Schule etwa 300 v. Chr. fanden die griechischen Denker einen Mittelpunkt der Künste und Wissenschaften. Hier erreichte die griechische Astronomie ihren glänzenden Höhepunkt und machte die Sternkunde zu einer anerkannten Wissenschaft [105, S. 80].

Der Grieche Claudius Ptolemaios (um 150 n. Chr.) war nach Hipparch unstrittig der größte Astronom des Altertums. Sein wichtigstes Werk, das seinen Ruhm begründete, war das Handbuch *mathematikes syntaxeos biblia XIII*, das einzige Lehrbuch über die Sternkunde, das über Jahrhunderte hinweg gültig war. Die Araber übersetzten es und nannten es *Almagest* (= Das große Werk) [4, S. 39].

Die arabische Fassung ging nach Europa und kursierte im 13./14. Jahrhundert in einer sehr mangelhaften lateinischen Übersetzung. Das griechische Original gelangte erst im 15. Jahrhundert nach Europa. Den griechischen Text übersetzte der Kreter Georg von Trapezunt (1396 - 1484) in ein nur schwer lesbares Latein [105, S. 94 f.].

Ptolemaios war es aber auch, der über anderthalb Jahrtausend das geozentrische Weltbild zementierte. Die Lehre, daß die Erde im Zentrum des Alls ruht und sich das Gestirn in Kreisen um die Erde bewegt, kam der Kirche sehr entgegen, weil man glaubte, daß sich diese Theorie auf die Heilige Schrift stützen könne. Selbst Luther (1483 - 1546) berief sich noch auf die Bibel (Buch Josua 10, 12): *Aber wie die heilige Schrift anzeigt, so hieß Josua die Sonne stille stehen und nicht das Erdreich* [122, S. 225].
Nach Ptolemaios verlor die Hohe Schule in Alexandria an Bedeutung, wenn auch dort noch lange Zeit unschätzbare Reichtümer an Büchern und Manuskripten aufbewahrt wurden. Man begnügte sich mit der Auswertung der Schriften, die die Großen hinterlassen hatten. Dann kam das schicksalhafte 7. Jahrhundert. Die Araber brachen heraus aus ihren Wüstengebieten und eroberten unter dem Kalifen Omar 641 n. Chr. Alexandria. Dabei wurden das Museum und die Sternwarte Hipparchs zerstört. Der Bestand der Bibliothek diente ein Jahr lang zum Heizen der Bäder dieser alten Stadt. Das kostbare Gut der Antike war weitgehend vernichtet. Was nicht verbrannt war, verschwand irgendwohin. Griechenland trat als geistige Kraft von der politischen Bühne ab. Aber es ist merkwürdig, schreibt Schubert über die Araber, *daß das Volk, welches bei seinem ersten Erscheinen auf dem Schauplatz der Welt den Wissenschaften den Krieg erklärte und seinen Siegeszug mit der Zerstörung der größten Schule und der berühmtesten Bibliothek des Altertums anfing,* daß eben dieses Volk bestimmt gewesen sei, diese Wissenschaft weiter voranzutreiben [105, S. 98].
Arabische Astronomen machten sich in ihrem schnell aufblühenden Zentrum Bagdad mit Eifer an die Auswertung des hellenischen Nachlasses und bereicherten bis ins 12./13. Jahrhundert hinein die brachliegenden Wissenschaften des Abendlandes [10, S. 75, 79]. Die Namen al-Battani, Ibn Junis oder al-Zarkali hatten in Europa einen guten Klang.
Seit dem Ende des 14. Jahrhunderts wurde die Entwicklung der

Sternforschung fast nur noch im deutschen Sprachraum betrieben. Frankreich und England zählten nicht mehr. In Italien gab es einige Gelehrte (Bianchini, Toscanelli u. a.), die aber kein gemeinsames Ziel verband [122, S. 138]. Epochale Leistungen kamen nicht mehr zustande. Die gesamte Astronomie des Abendlandes stand unter dem lähmenden Einfluß der christlichen Kirche, die weniger an Forschung, sondern mehr an der philosophischen und theologischen Untermauerung ihrer Weltdeutung interessiert war. Ansonsten brauchte sie Feiertagsberechnungen und Kalender, die, mit astrologischem Beiwerk versehen, großen Absatz fanden [4, S. 47, 50].
In dieser Situation wurde 1395 die Wiener Universität gegründet. Ein Dreigestirn führte die Artistische Fakultät dieser Hohen Schule zu höchstem Ansehen: Johannes von Gmunden (1384 - 1442), Georg von Peuerbach (1423 - 1461) und Johannes Müller von Königsberg, genannt Regiomontanus (1436 - 1476). Der Berühmteste, Regiomontanus, wurde Wegbereiter der copernicanischen Wende.

Abb. 2: Regiomontans Eignerzeichen

Herkunft und Familie

Die Geburtsstadt

Das fränkische Königsberg, am Rande der Haßberge gelegen, war als Geburtsstadt des Johannes Müller, den man der Sitte der Zeit folgend später latinisiert Regiomontanus (= Der Königsberger) nannte, zwar allgemein bekannt. Näheres über den Geburtsort zu erfahren erschien aber nicht notwendig, weil die Kindheit des berühmten Astronomen für die Wissenschaft von geringerer Bedeutung war. Das, was an Daten und Angaben aus dieser Zeit gebraucht wurde, entnahm man der Literatur. Dabei ergaben sich einige Ungenauigkeiten über Regiomontans Herkunft und Familie, die richtigzustellen sind [76, S. 147 ff.], [79, S. 6 f.].

Heute wissen wir, daß manches, was zum Verständnis seines Lebens gehört, nur aus der Geschichte der Stadt, in der er zur Welt kam und in der seine Begabung heranreifte, zu erklären ist. Diese Stadtgeschichte kann beispielsweise die Erklärung geben, warum Johannes Müller zunächst die 1409 gegründete kursächsische Universität Leipzig aufsuchte. Oder warum er, im Gegensatz zu manchen anderen Zeitgenossen, zeitlebens eine starke Bindung zur christlichen Religion und zu seiner Kirche zum Ausdruck brachte. Es ist bemerkenswert, daß er die erste große Arbeit in Wien, ein Horoskop für Leonore von Portugal, mit *Jesus* begann [100, S. 2], wie er überhaupt auch später seine Arbeiten mit den Buchstaben IHC oder mit einem Kreuz zeichnete [126, S. 198, 210]. Es erscheint daher wichtig, alles das zusammenzufassen, was über die Geburtsstadt auszusagen ist, und dabei neue Überlegungen und einige Archivfunde einzubinden in das bereits Bekannte.

Die Entstehungsgeschichte Königsbergs ist typisch für die zahlreichen Städtegründungen im 12. und 13. Jahrhundert. Unterhalb der Reichsburg, die Kaiser Barbarossa auf dem *Königsberg* - einem Weinberg fränkischer Könige - bauen ließ, wurde um 1180

der erste Stadtteil angelegt [75, S. 139]. So entstand bis zum 13. Jahrhundert der Salzmarkt [16, S. 442], der in seiner ursprünglichen Anlage noch heute erhalten ist. Es war damals die Zeit, in der die Herzöge von Meranien, die früheren Grafen von Andechs, in Königsberg, in dem naheliegenden Zeil und über die Bettenburg Herrschaftsrechte ausübten. Nach dem Aussterben dieses Geschlechts 1248 zog das Bistum Bamberg Königsberg als heimgefallenes Lehen ein, verpfändete die Burg aber sogleich ein Jahr später (1249) an den Grafen Hermann I. von Henneberg. Da dieses Pfand später von Bamberg niemals eingelöst wurde, blieben von da ab die Grafen von Henneberg im Besitz Königsbergs.
Für Königsberg war das eine wichtige Entwicklung, damit öffnete sich der Handelsweg nach Thüringen. Die Stadt wurde Sitz eines Centgerichts. In einem Urbarium aus dem Jahre 1317 wird sie als zehnte Cent der Pflege Coburg aufgeführt. Graf Berthold VII. von Henneberg erreichte ein weiteres. Er stand in hoher Gunst des Kaisers (Ludwig der Bayer) und konnte für Königsberg 1333 die Marktgerechtigkeit erhalten. Durch Heirat ging Königsberg dann an Albrecht von Brandenburg (Burggraf von Nürnberg). Er verlieh der Stadt 1358 die selbständige Gerichtsbarkeit und damit die vollen Stadtrechte [106, S. 18].
Der Wohlstand der Bürger nahm zu. 1397 konnte mit dem Bau der prächtigen Liebfrauenkirche begonnen werden. Die Stadtkirche erhielt 1432 ihre Weihe. In ihr dürfte Regiomontanus getauft worden sein. Im Jahr 1400 kamen Stadt und Amt Königsberg an die Landgrafen von Thüringen und damit an das Haus der Wettiner [106, S. 19]. Königsberg vergrößerte sich immer mehr. Während der ganzen ersten Hälfte des fünfzehnten Jahrhunderts wurde an dem Ausbau der Stadt, an ihrer Befestigung mit Stadtmauer und Toren und an der Burg ständig gearbeitet. Man wollte nichts versäumt haben, wenn unruhige Zeiten, die sich abzeichneten, kommen sollten.

Es war eine lebendige Stadt. Nicht nur das Baugewerbe hatte seine hohe Zeit. Der Handel blühte. Dieser Umschlagplatz zwischen Thüringen und Franken mußte vergrößert werden. Die Märkte hatten einen weiten Einzugsbereich. Der Getreidemarkt scheint bedeutend gewesen zu sein. Handwerker und Gewerbetreibende verdienten hier ihr gutes Geld. Was sich in Nürnberg vollzog, dieses Aufblühen einer Handelsstadt, ging zur gleichen Zeit parallel in Königsberg vor sich. Natürlich in einer kleineren Dimension, gewissermaßen in Miniausgabe. Es kam das Jahr 1436. Königsberg hatte um diese Zeit in dem sächsischen Kurfürsten Friedrich II. einen *sanftmütigen* Landesherrn, der sich mehr um den Streit mit seinem Bruder Wilhelm wegen der Landesteilung kümmern mußte, als daß er Zeit für das ferne Königsberg aufwenden konnte. So blieb es nicht aus, daß sich die Stadt immer mehr freiheitliche Rechte aneignete. Sie entwickelte sich hin zu einer freien Reichsstadt, ohne allerdings dieses Ziel zu erreichen [106, S. 15 ff.].

Der Stadtrat bestand aus zwölf Personen; im Falle eines Ausscheidens ergänzte er sich selbst. Hinzu kam der auf Lebenszeit gewählte Stadtschreiber. Kastenpfleger gehörten ebenfalls dem Rat an. Aus der Mitte des Gremiums wurden jährlich zwei Bürgermeister gewählt. Zu Beginn des 15. Jahrhunderts hatten die Bürger durchgesetzt, daß sie vier sogenannte Viertelsmeister hinzuwählen konnten. Diese von den Bürgern gewählten Vertreter hatten Eingabe-, Prüfungs- und Einspruchsrechte [106, S. 26 f.]. Hier zeigte es sich, daß sich die Stadt als ein Gemeinwesen mit einem echten Selbstverwaltungswillen verstand. Um als Mitglied dieses Stadtparlaments berufen zu werden, mußte man schon ein hohes Ansehen haben. Darauf verwies Erasmus Reinhold, als er später Regiomontans Vater erwähnte.

Abb.3: Die Veste Königsberg i. Franken im 17. Jahrhundert

Geburt und Elternhaus

Der 6. Juni des Jahres 1436 wird ein Tag wie jeder andere gewesen sein. Sicher wird man, wie könnte es in einer kleinen Stadt von etwa 1 600 Einwohnern anders sein, erzählt haben, daß sich bei der Familie Müller am Salzmarkt Nachwuchs eingestellt habe, daß ein Sohn geboren wurde, der den Namen des Vaters Johannes erhielt. Die Taufe in der neuen Pfarrkirche war vielleicht ein Ereignis. Das ist heute noch so. Die Menschen haben sich nicht geändert. Der Alltag wird dann aber sehr rasch über diese Neuigkeit hinweggegangen sein. In seiner bedeutenden Rede an der Universität Wittenberg konnte der Mathematiker Erasmus Reinhold 1549 also berichten: *Natus est Joannes Regiomontanus in oppido Franciae, cui nomen est Mons Regius, quodque propter vicinitatem plerisque vestrum notum est* [91, S. 239 ff.]. ("Geboren wurde Johannes Regiomontanus in einer Stadt Frankens, deren Name Königsberg lautet; welche Stadt wegen der Nähe den meisten von euch bekannt ist" - Grössing). Philipp Melanchthon hatte diese Angaben bereits 1547 in einem Gedicht zum Tode seines väterlichen Freundes und Lehrers Johannes Schöner, dem verdienten Herausgeber der Werke Regiomontans, bestätigt: *Regius ist deren einer, den Berg bezeugt er im Namen, der als Geburtsort zugleich erste Behausung ihm bot* [104].

Zeit und Ort dieser Geburt sind im übrigen nicht allein durch Erasmus Reinhold belegt, sondern auch durch die Königsberger Chronik des Johann Werner Krauß III., Superintendent in Eisfeld, der in einer Art Kurzfassung die handschriftlichen Aufzeichnungen seines Vaters Joh. Werner Krauß II. 1754 in Hildburghausen drucken ließ. An einer Stelle seiner Chronik gibt Krauß III. den Inhalt eines lateinischen Lobgedichtes auf Königsberg wieder, in dem der Poet Melissus Schedius 1577 Abschied von Königsberg nimmt, die schöne Gegend, die Stadt, ihren Wein und Regiomontanus rühmt. Und es wird darin vermerkt: *Joh. Regiomontanum, der berühmte Mathematicum, von Königsberg bürtig* [65, S. 31 f.].

Wie bereits erwähnt, stützte sich Krauß III. auf die Originalhandschriften seines Vaters Joh. Werner Krauß II., der von 1677 bis 1732 als Diaconus in Königsberg wirkte und dem die wertvollen Aufzeichnungen des M. Johann Wolfrum (1550 - 1621) zur Verfügung standen. Es mußte daher zusätzlich geprüft werden, was Diaconus Krauß II. unter Bewertung der Wolfrumschen Hausbibelaufzeichnungen und der eigenen Archivforschung über den Geburtsort Regiomontans aussagt. Die handschriftlichen *Königsbergischen Annales* sind in zwei Bänden in der Coburger Landesbibliothek (Ms. 65 a) verwahrt. Im *Ersten Teil* findet sich auf Seite 737 folgender Eintrag: *Anno 1476 ist Camillus, Johann Müller oder Molitor, dictus Regiomontany, ein vornehmer Mathe-*

maticus gestorben. Er ist anno 1436, den 6. Jun. hor. 4 min. 40 aqvatis á meridie zu Königsberg geboren, und schreibet M. Joh. Wolfrum in seiner Bibel nach der Vorrede, daß sein Vater Johan. Molitor. Senior in Unfind, und seine Schwester Catharina, Joh. Merbots in Hellingen und hernach Joh. Schirlings, Bürgermeister zu Königsberg Eheweib geworden sey.

Außergewöhnlich ist die Angabe der Geburtsstunde. Sie dürfte erst später berechnet worden sein. Da die Zeit *4 Uhr 40 Min. nachmittags* auf die damals üblichen *ungleichlangen* oder Planetenstunden umzurechnen wäre, könnte sich die Stundenangabe auf eine Überlieferung stützen, Johannes Müller sei am 6. Juni 1436 *sogleich nach dem Vesperläuten* (3 Uhr nachmittags) geboren [126, S. 1 f.].

Eine bisher weniger bekannte Quelle, die den Geburtsort Regiomontans erneut bestätigt, hat der Arbeitskreis Stadtgeschichte der Volkshochschule Hofheim/Unterfranken im Januar 1994 publik gemacht. Bei der Erforschung der Werke des in Hofheim geborenen Geschichtsschreibers Jakob Curio fand sich in dessen Geschichtswerk *Rerum Francorum Epistola*, 1557 in Basel gedruckt, auf Seite 165 folgender Vermerk (in deutscher Übersetzung nach W. Keller): ... *in der gleichen Gegend, kaum zwei Meilen (Anm.: von Hofheim) entfernt, liegt Königsberg, das Johannes Müller, der in der Mathematik dem Ptolemäus nicht nachsteht, durch seinen Namen "Regiomontanus" der ganzen Welt bekannt und durch seine Geburt berühmt gemacht hat.*

Geburtstag und Königsberg als Geburtsort Regiomontans sind somit zweifelsfrei belegt [86, S. 226]. Ältere Nachweise sind nicht bekannt, so daß diese Angaben als verbindlich gelten müssen.

Die Angaben über den Vater jedoch, den *älteren Joh. Müller in Unfind*, haben des öfteren Verwirrung gestiftet und die Frage aufgeworfen, ob Regiomontanus nicht etwa in dem nahen Unfinden (ein Dorf etwa 2 km von Königsberg entfernt) geboren sei. Das würde aber den ältesten Quellen widersprechen. Aus der Gesamtheit aller vorliegenden Dokumente kam auch eine neuerliche

Analyse zu dem Schluß, daß als Geburtsort Regiomontans nur die Stadt Königsberg infrage kommt. Auch das, was wir über die Eltern des Gelehrten wissen, schließt Unfinden als eventuellen Geburtsort mit Sicherheit aus [122, S. 586]. Über die Eltern Regiomontans berichtete E. Reinhold: *Die Eltern, höre ich, waren angesehen und begütert, so wie die (wirtschaftlichen) Dinge in unseren Städten stehen, und daher konnten sie ... die Kinder gut erziehen und bilden.* Es wäre vielleicht interessant festzustellen, woher Reinhold etwas von den Eltern *gehört* haben mag. Ein zuverlässiger Berichterstatter kann Magister Johannes Marcellus (Märckell) gewesen sein, der, in Königsberg geboren, sich selbst *Regiomontanus Francus* nannte und drei Jahre vor der Rede Reinholds Rektor der Wittenberger Universität geworden war [65, S. 207]. Aus der Überlieferung des Wittenberger Professors ist demnach zu schließen, daß die Eltern zumindestens um die Geburtszeit, während der Kindheit Regiomontans und einige Zeit danach in der *Stadt*, also in Königsberg, ansässig waren.

Wenn vom Namen her auf den Beruf geschlossen wird - und das ist für die Zeit um 1400 zulässig -, war der Vater Regiomontans Müller. Um diese Zeit gehörte ein Hans Müller dem Rat der Stadt an. Dieser ist identisch mit dem Kastenpfleger Johannes Mollner (Moller, Müller), unter dessen Aufsicht, gemeinsam mit Hermann Lauring, 1428 die Kirche St. Burghardi zu bauen begonnen wurde [69, S. 127], [86, S.226 f.]. Verbinden wir das mit der Aussage von Erasmus Reinhold, der Vater sei angesehen und nicht unvermögend gewesen, dann ist folgendes festzuhalten: So ein Mühlenbetrieb war in Königsberg ein einträgliches Gewerbe. Der Getreidemarkt sorgte für überdurchschnittliche Einkünfte. Die Königsberger Müller konnten vermögende Leute sein. Und daß ein Ratsherrenamt ein hohes Ansehen voraussetzte, liegt auf der Hand, erst recht, wenn jemand mit der Verantwortung eines Kirchenbaues betraut wurde.

Abb. 4: St. Burkhards-Kirche Königsberg

Manche Autoren glaubten, einen Widerspruch darin zu sehen, daß neben dem Wohnhaus am Salzmarkt keine Mühle vorhanden war. Auch das läßt sich durch einen Rückblick in die Königsberger Geschichte erklären. Die Königsberger wissen, daß der Salzmarkt von alters her auch *Herrengasse* genannt wird. Das steht in keinem Grundbuch. Es läßt sich aber einige Jahrhunderte zurückverfolgen, daß Bürgermeister und Ratsherren über Generationen hinweg bemüht waren, am Salzmarkt ein Wohnhaus zu besitzen. Ein Bürger, der etwas auf sich hielt und es sich leisten konnte, erwarb dort ein Anwesen. Und es kommt ein weiteres hinzu. Zu Beginn des 15. Jahrhunderts waren unruhige Zeiten. Der erste sächsische Kurfürst Friedrich I. stritt sich mit den Hussiten, die Erbnachfolger bekriegten sich gegenseitig [106, S. 20]. Für einen vermögenden Mann war es ein natürliches Schutzbedürfnis, innerhalb der städtischen Befestigungsanlagen zu wohnen, zu diesem Zweck wurden sie ja gebaut, während das Gesinde in der Mühle verbleiben konnte. Die Stadtmühlen, ebenso wie der Getreidemarkt, waren leicht erreichbar. Die Mühlen lagen gleich vor der Stadtmauer, nur wenige hundert Meter vom Stadtkern entfernt. So läßt sich der Standort des Geburtshauses am Salzmarkt mit der als sicher geltenden Annahme, der Vater sei Müller und Ratsherr, also dieser Kastenpfleger Hans Müller gewesen, durchaus vereinbaren.

Nicht mehr zu klären sein wird, welche Königsberger Mühle Besitz der Eltern Regiomontans gewesen ist. Alle Grundakten sind 1632/1640 verbrannt. Die beiden Stadtmühlen, die *Untere Mühle* und die *Obere Mühle,* waren Ratslehen. Eine Verbindung zum Ratsherrn Müller ist zu sehen. Die Bewirtschaftung der Mühle wurde aber immer schwieriger, je ungünstiger sich die wirtschaftlichen Verhältnisse in der Stadt gestalteten.

Nach 1450 stoppte der Aufwärtsboom der Stadtentwicklung. Danach wurde nur noch die Vorstadt in den Stadtbereich einbezogen [106, S. 32]. Die wichtigen Handelswege verlagerten sich. Die Verbindung vom Maintal über Königsberg in Richtung Thüringen und Coburg erhielt eine geringere Bedeutung. Die Marktfunktion in Königsberg wandelte sich in den folgenden Jahrzehnten von der bisher überörtlichen Bedeutung zur Versorgung allein des Nahbereichs [97, S. 167]. Das blieb nicht ohne Folgen auf die Einkommensverhältnisse der Bürgerschaft. Die Einnahmen der Stadt nahmen ebenfalls ab. Die großen Bauvorhaben, wie Kirchen, Rathaus und Stadtbefestigungen, hatten die Stadt tief verschuldet (StA. Cbg. U-Nr. 2).

Die Gottesackerkirche St. Burkhard dürfte um 1450 soweit fertiggestellt gewesen sein. Der Ratsherr und Kastenpfleger Johannes Müller wird damit seine Amtseinkünfte verloren haben, zumal Herzog Wilhelm zu Sachsen 1456 die Zahl der Stadträte von 12 auf sechs reduzieren ließ. Das wirkte sich natürlich auch auf die elterliche Unterstützung des Studiosus Johannes Müller aus. 1457 wurde Regiomontanus von der artistischen Fakultät in Wien zur *Regenz und Inceptio* als Magister zugelassen. Dabei gewährte man mehreren Licentiaten Dispens, so daß sie sich erst bei günstigen Vermögensverhältnissen einen eigenen Habit anschaffen und die Gebühr von 1 Gulden später zahlen konnten. Daß auch Regiomontanus Dispens erhielt, weist auf sein geringes Vermögen hin. Um diese Zeit lebte der Vater noch in Königsberg, denn Wolfrum notierte in seinen Familienaufzeichnungen: *Nota, ob sich wol die bede Müller in der Stadt, die ober und unter Stadtmühle, des handlons beschwerten, so ist doch aus alten Handschriften über hundert, gar mehr jaren, zu beweisen, das sie handlon geben* ... Aus dem *bedregister* oder der Stadtrechnung des Jahres 1458 sei die Schuld zu entnehmen: *Hat der Müller Hans Müller ... bezahlen müssen* [86, S. 226].

Wichtig erscheint in diesem Zusammenhang ein weiterer Archivfund. Aus einer Zusammenstellung aller nachweisbaren alten Jahrtagstiftungen fand sich ein Eintrag, wonach *Magister Muller* für eine nach seinem Tode abzuhaltende Seelmesse 20 Gulden gestiftet hatte. Dem bei der gottesdienstlichen Feier alljährlich am Todestag amtierenden Geistlichen wurden die Zinsen aus dem gestifteten Kapital in Höhe von 4 Pfund und 27 Pfennigen als sog. Präsenz gegeben (StA. Cbg.: Kbg. AA Nr. 598 fol. 47'). Dieser Aktenfund bestätigt erneut Königsberg als Geburtsort. Regiomontanus gab diese Stiftung nicht an die Kirche in Unfinden, die bereits 1394 eine selbständige Pfarrei geworden war. Wenn er in Königsberg *nur* seine Schulausbildung erhalten hätte, wäre es näher gelegen gewesen, den Betrag aus Dankbarkeit dem Augustinerkloster oder St. Burkhard zu überlassen. Daß er diese beachtliche Stiftung der Stadtkirche übergab, zeugt von einer stärkeren Bindung, wie sie etwa durch das Sakrament der Taufe begründet wird.

Die Stiftung läßt weiter die Annahme zu, daß der Gelehrte einmal zu Hause war. Welche Zeit für diesen Besuch in Frage käme, ist schwer zu entscheiden. Als wahrscheinliche Besuchsmöglichkeit ist seine Nürnberger Zeit von 1471 bis 1475 anzunehmen, zumal er zu dieser Zeit finanziell in der Lage war, den Stiftungsbetrag zu erübrigen.

Ob bei einem Besuch anfangs der siebziger Jahre die Eltern noch gelebt haben, kann nur vermutet werden. Alter und Krankheit werden den Vater zur Aufgabe der Mühle gezwungen haben.

Abb. 5: Kirche ad Sanctam Mariam - Stadtkirche in Königsberg (Taufkirche Regiomontans)

Es mußte eine andere Wohnung gesucht werden. Das Häuschen am Salzmarkt war klein und für gebrechliche, alte Leute oder für einen alleinstehenden Witwer nicht gerade wohnlich. 1476 erscheint in den Unfinder Akten, leider ohne weitere Erklärung und Darstellung des Zusammenhangs, der Name Hans Moller. Die Schreibweise der Namen, oft dialektbedingt, wurde damals nicht genau genommen. Vielleicht war es ein Angehöriger der Familie, zu dem der Vater Regiomontans gezogen ist [86, S. 127]. Oder es wurde ihm, dem verdienten Kastenpfleger, ein preisgünstiger Alterssitz in Unfinden überlassen, wo er gleichzeitig eine Pflege erhalten konnte. Eine Reihe von Anwesen des Dorfes Unfinden waren Lehen des Königsberger Gotteskastens. Zumindestens würde in etwa der Zeitpunkt eines Wohnsitzwechsels passen, wenn dafür die Zeit um 1472/73 spekulativ angenommen wird. Wolfrum vermerkte somit, allerdings ein Jahrhundert später, daß der Vater des berühmten Regiomontanus der alte Hansen Müller zu Unfinden gewesen sei. Auf diese Weise ließen sich die einzelnen historischen Nachrichten miteinander verbinden.

Familie und Schulausbildung

Aus den Wolfrumschen Aufzeichnungen wissen wir, daß Regiomontanus eine Schwester mit dem Namen Catharina gehabt hat, die zweimal verheiratet war: Zuerst mit Johann Merboth aus Hellingen. Aus dieser Ehe sind die Kinder Jörg, Margarete und Barbara hervorgegangen. Nach dem Tode ihres Mannes heiratete Catharina Merboth, geborene Müller, den Königsberger Bürgermeister Hans Schirling. Aus dieser Ehe entstammten zwei Kinder, ein Sohn Melchior und eine Tochter Elisabeth. Da es keine Nachricht gibt, daß Regiomontanus jemals geheiratet hat, könnten sich allein die Nachkommen der vorerwähnten Kinder auf eine Abstammung aus dem Hause Müller berufen. Die Merboths erscheinen jedoch nach dem 16. Jahrhundert nicht mehr. Melchior Schirling starb sehr früh kinderlos. Elisabeth Schirling heiratete den Riemenschneider Oehm. Dieser Name taucht in den Archivunterlagen nicht mehr auf.

Catharina, die Schwester Regiomontans, starb um 1490. Ihr Mann Hans Schirling heiratete 1491 ein zweites Mal, und zwar eine Katharina Synner aus Altershausen. Die Kinder aus dieser Ehe und ihre Nachkommen (darunter die Chronisten Wolfrum und Krauß) werden kaum einen Anspruch erheben können, der Familie Regiomontans zu entstammen. Die Spuren der Verwandtschaft, die man anfangs noch verfolgen kann, verlieren sich im Laufe der Zeit. 1583 hatte Michael Dilherr die Ursula Schade *auß dem Geschlecht deß berühmden und Weltbekannten Astronomi Regiomontani* geheiratet [126, S. 7]. Auch andere Familien rühmen sich heute noch einer solchen Nachkommenschaft. Leider fehlen dabei die Nachweise für die Zeit zwischen 1400 und 1650.

Die Annahme, aus der Familie Regiomontans abzustammen, wird hier wie auch sonst auf eine Familienüberlieferung zurückgehen, die wissenschaftlich nicht nachprüfbar ist [76, S. 147 ff.].

Abb. 6: Augustinerkloster

Es ist notwendig, noch einmal die Ausgangssituation, die Regiomontanus in seiner Kindheit vorfand, zu schildern. Die Bildungsmöglichkeiten in der Stadt begünstigten seinen Weg. Der Stadtrat hatte frühzeitig Schulmeister bestellt, die gegen Bezahlung Unterricht im Lesen, Schreiben und Rechnen erteilten [106, S. 28]. Man mußte also Geld haben, um seine Kinder unterrichten lassen zu können. Bei der Aufzählung der Unterrichtsfächer in der Chronik fällt auf, daß Latein fehlt. Dabei wissen wir, daß der Elfjährige, als er nach Leipzig ging, das Lateinische bereits beherrschte. Die Annahme liegt nahe, daß die Mönche des 1363 gegründeten Augustinerklosters mitgeholfen haben und so einen wesentlichen Teil zu Regiomontans Bildung beitrugen. Unter den Klosterbrüdern befinden sich *Lesemeister der hl. Schrift*, 1444 wird ein Magister Johannes Kadolt genannt [116, S. 5, 18]. Damit wäre auch seine Religiosität erklärt, die er später nie ablegte. Und wie er es in seinen Wanderjahren verstand, mit den hohen geistlichen Herren umzugehen, mag auf diese Jugendeindrücke zurückgehen. So entstand das Genie, das nach wenigen Jahren genossener Kindheit aus einem wohlbehüteten, abgeschlossenen Bereich einer fränkischen Kleinstadt hinausging in die Welt. Regiomontanus verließ Königsberg 1447. Den Bürgern dieser immer

noch an Einwohnern wachsenden Stadt ging es um diese Zeit so gut, daß es der sächsische Landgraf Wilhelm 1446 für notwendig hielt, eigens eine Gerichts- und Polizeiverordnung zu erlassen und darin den Königsbergern *übermäßige Schmausereien, ausländische Kleiderstoffe, den Bauernweibern das Tragen von Schleiern* und andere *sündige Dinge* zu verbieten [106, S. 21, 32]. Aber auch den Königsbergern wuchsen die Bäume nicht in den Himmel. Der Handel nahm allmählich ab. 1584 wütete die Pest. Der 30jährige Krieg zerstörte dann in schrecklicher Weise all das, was sich fleißige Bürger aufgebaut hatten [106, S. 36].
Zu dieser Zeit war aber das Leben des großen Sohnes dieser Stadt bereits gelebt. Übrig blieb das Gedenken an den berühmten Königsberger. Trotz aller Zeitumstände ging sein Name eigentlich zu keiner Zeit unter. In Königsberg wurden jährlich die Seelmessen gelesen. Auch die Jesuiten gedachten seiner in einem *Hymnus gradualis* (Stufengebet), worin 1648 zu Gnadenbitten für die Berühmtheiten der Wiener Universität aufgefordert wurde [23, S. 21]. Überliefert wurde über die Zerstörungen der Kriegszeiten hinweg vor allem die Stätte seiner Geburt, dieses kleine Haus am Salzmarkt, das, im 17. Jahrhundert erneuert [52, S. 69 ff., 291 ff.], in Königsberg an den Ruhm Regiomontans erinnert.

Abb. 7: Geburtshaus Regiomontans in Königsberg. Holzschnitt 1863

Die Leipziger Zeit

Das Studium

Es war keineswegs merkwürdig, wie Zinner meinte [126, S. 10], daß der Vater Regiomontans für seinen Sohn Leipzig als Studienort wählte. Einmal unterstand Erfurt als nächstgelegene Universität seinerzeit einer fremden Territorialhoheit, nämlich dem Erzbistum Mainz. Zum anderen lag es auf der Hand, die landeseigene, die sächsische Universität aufzusuchen. Immerhin stand der Vater als Ratsherr gewissermaßen *im öffentlichen Dienst*, und es gab ein staatliches Interesse daran, daß Universitätsneugründungen von den eigenen Landeskindern auch genutzt wurden. Seit 1464 vergab der Stadtrat in Königsberg dann auch Stipendien *für studierende Stadt-Kinder* zum Besuch der Universität Leipzig [65, S. 135, 207]. In der zweiten Hälfte des 15. Jahrhunderts lassen sich bereits fast vierzig Studenten aus dem fränkischen Königsberg in Leipzig nachweisen [110, S. 397].
Beim Eintritt in das Studienleben im Winter 1447 wurde Johannes Molitoris unter der meißnischen Nation registriert, was einige Autoren ohne Ortskenntnis irritierte. Wenn auch versäumt wurde, in die Leipziger Matrikel den Geburtsort einzutragen [126, S. 9], so weist die Angabe über die nationale Zugehörigkeit doch auf Königsberg hin. Die Zuordnung Regiomontans zur meißnischen Nation wird nicht irrtümlich geschehen sein, sondern ist aus der landesherrlichen Entwicklung zu verstehen, der die Stadt und das Amt Königsberg unterlagen. Zum bayerischen Raum wurde diese zunächst thüringische Enklave jedenfalls nie gezählt. Die Bürger fühlten sich auch zu keiner Zeit als Bayern. Selbst nach der Eingliederung in den sächsischen Staatsverband ab 1423 war das Zugehörigkeitsgefühl der Königsberger zur bisherigen *thüringischen Nation* so ausgeprägt, daß die Stadt noch bis zum 17. Jahrhundert den Wappenlöwen von Thüringen und den Meißner Löwen im Stadtwappen führte. Erst im 18. Jahr-

hundert entfiel das thüringische Wappentier. Es blieb bis heute als Stadtwappen der doppelschwänzige Löwe der Markgrafen von Meißen. Regiomontans Identifizierung mit dem an der Universität Leipzig 1447 unter der meißnischen Nation immatrikulierten Johannes Molitoris dürfte mit dieser Klarstellung keinen Zweifeln mehr unterliegen, wie sie neuerlich wieder von Edward Rosen vorgebracht wurden [94, S. 352]. Nachdem das sächsische Amt Königsberg in dieser Zeit tatsächlich der *meißnischen Herrschaft* zugeordnet war, wird die Eintragung wohl auf Angabe des Studenten oder der ihn begleitenden Person so erfolgt sein. Der Matrikeleintrag kann demnach als unmittelbarer Beleg für den Studienbeginn Regiomontans in Leipzig gelten.

Die Gründung der Leipziger Universität hatte ihre Vorgeschichte in den Auseinandersetzungen an der 1348 in Prag errichteten Universität. Die Glaubensgegensätze zwischen Katholiken und Hussiten und der Streit, wer mehr Einfluß geltend machen könne, die böhmische oder die deutsche Nation, wurden unerträglich. Diese Auseinandersetzungen endeten damit, daß 46 deutsche Lehrer und etwa 2 000 Studenten die Prager Universität verließen. Markgraf Friedrich der Streitbare betrachtete das als die Gelegenheit, eine Konkurrenzuniversität zu Prag zu gründen. Die Zustimmung des Papstes konnte er aufgrund der politischen Lage erwarten.

Als Universitätssitz kam nur Leipzig (damals Lipzk oder Lipczk) in Frage. Die Stadt mit etwa 6 000 Einwohnern hatte im 13. Jahrhundert einen spürbaren geistigen Aufschwung erlebt. Vier Klöster waren entstanden, von denen St. Thomas eine Klosterschule eingerichtet hatte. Unterrichtsschwerpunkt war die musikalische Unterweisung, aber auch das Trivium (Grammatik, Dialektik und Rhetorik). Da zwischen der Thomas-Schule und der Universität bis ins 16. Jahrhundert hinein Verbindungen bestanden, ist es denkbar, daß der junge Johannes Müller auch von der Thomas-Schule profitierte [118, S. 170 f.].

Unterstellen wir diese Kontakte, dann kam Regiomontanus in

Leipzig auch mit Musik in Berührung. Das wird ihm später als Mathematiker zum besseren Verständnis der Aufgaben aus dem Bereich der Musiktheorie dienlich sein. Die Harmonie, die Beziehungen zwischen den Tönen und Zahlen, die Verwandlung der Tonzahlen in Winkel werden ihn genau so beschäftigen, wie die Frage: *Wenn eine Sehne so in drei Teile geteilt wird, daß der erste Teil zum zweiten einen Halbton weniger und der dritte zum zweiten fünf Halbtöne mehr tönt, wie groß ist jeder Teil?* [126, S. 49, 54, 91].

Am 9. September 1409 genehmigte Papst Alexander V. die Errichtung der Universität Leipzig. Die Bulle, in Pisa ausgestellt, wurde am 13. November verlesen. Am 2. Dezember erfolgte im Refektorium des Klosters St. Thomas die feierliche Eröffnung [118, S. 172]. Als Regiomontanus 1447 nach Leipzig kam, war Rektor der Universität Petrus Prischwitz aus Budissin (Bautzen). Johannes Molitoris mußte eine Immatrikulationsgebühr von 10 Groschen zahlen, die höchste, die damals erhoben wurde [126, S. 9]. Da das Rektorat die Gebührenhöhe nach den Vermögensverhältnissen festsetzte, muß der Vater Regiomontans sehr wohlhabend gewesen sein. Die Unterkunft in Leipzig war offensichtlich gesichert. Der Studiengang konnte beginnen.

Die Planetenbücher

Die Artistenfakultät der Universität Leipzig hatte 16 besoldete *Fakultisten* angestellt, je vier von der meißnischen, sächsischen, bayerischen und polnischen Nation. Dieser Nationenproporz stand an sich der Gründungsbulle entgegen, die mehr eine Betonung der fachspezifischen Fakultäten nahegelegt hatte. Lehrende, die sich auf Astronomie und Mathematik spezialisiert hatten, befanden sich möglicherweise aus diesem Grunde nicht darunter [126, S. 172 f.].

Dennoch zeigte Johannes Müller aus Königsberg eine erstaunliche Leistung. 1448 erschien bei Gutenberg der erste gedruckte Kalender. Er enthielt die Zeiten der Neu- und Vollmonde und die Örter der Planeten, wie damals üblich für alle 15 Tage. Der zwölfjährige Regiomontanus unterzog diesen Kalender einer Nachprüfung, errechnete die Planetenörter für jeden einzelnen Tag und schrieb für das Jahr 1448 ein weit besseres Jahrbuch. Seine Berechnung war genauer als die der astronomischen Mitarbeiter Gutenbergs. Das in kindlicher Schrift und lateinisch angefertigte Jahrbuch Regiomontans wird in der Wiener Nationalbibliothek (Cod. Vind. 4988) aufbewahrt [126, S. 9 f.].
An dieser Arbeit wird das kommende Genie erkennbar, denn es gab in Leipzig niemanden, der ihn in den schwierigen und komplizierten Berechnungen hätte unterweisen können. Er war ein Wunderkind, das aus dem Inneren schöpfte. Dafür, daß es mathematisch überaus talentierte Wunderkinder auch heute noch gibt, sei auf ein Beispiel aus neuester Zeit verwiesen. Ruth Lawrence, von der berichtet wird, daß sie als Zehnjährige, also in einem Alter, in dem andere Kinder lieber spielen als lernen, einen *A-Level*, das britische Abitur in Mathematik schaffte. Die Rechenkünstlerin aus der nordenglischen Grafschaft Yorkshire sah noch nie eine Schule von innen. Sie erhielt ihren Unterricht im Elternhaus. Als Elfjährige wurde sie die jüngste Studentin, die es bisher in Oxford gegeben hat. Mit dreizehn Jahren schloß die Engländerin ihr auf drei Jahre angesetztes Mathematikstudium an der berühmten Universität Oxford in der Rekordzeit von zwei Jahren ab. Das Mathematik-Genie will mit zwanzig Jahren Professor sein. Das Wunderkind leidet aber heute schon, wie berichtet wird, unter Einsamkeit. Gewisse Parallelen zum jungen Johannes Müller aus Königsberg bieten sich an.
Regiomontanus mußte erkennen, daß ihm das, was ihm Leipzig an mathematisch-astronomischem Unterricht bot, nicht ausreichte, um sein überlegenes Spitzentalent zufriedenzustellen. Er entschloß sich 1450, die Universität zu wechseln und nach Wien

zu gehen. Die Lehrenden werden erleichtert gewesen sein, denn sie konnten den hohen Ansprüchen des Frühreifen, der bereits wie ein hochbegabter Erwachsener Planetentafeln errechnete, nicht genügen. Günther Hamann schreibt: *Es muß so ähnlich wie später dann in der Musikgeschichte nach der Prüfung Anton Bruckners gewesen sein, als Herbeck für sich und für alle anderen Mitglieder der Kommission einbekannte: "Eigentlich hätte er uns prüfen sollen"* [42, S. 287].

Abb. 8: Alte Stadtansicht von Leipzig

An der Alma Mater Rudolfina in Wien

Georg von Peuerbach

Die frühe Gründung einer Universität verdankte Wien den ehrgeizigen Plänen des jungen Herzogs Rudolf IV. (*01.11.1339, Herrschaftsantritt 1358). Der Habsburger beabsichtigte, seine Residenzstadt an der Donau durch eine großangelegte Hohe Schule aufzuwerten. Ähnliches hatte vordem 1348 sein Schwiegervater Kaiser Karl IV. in Prag getan und die Universität der Moldaumetropole zu einer beliebten Bildungsstätte gemacht. Die Bestätigung der herzoglichen Stiftung in Wien durch Papst Urban V. erfolgte am 18. Juni 1365. Der Stifter Rudolf IV., Herzog von Österreich und Steiermark, starb jedoch kurz darauf am 27. Juli 1365 in Mailand. Durch seinen frühen Tod konnte der Plan, zwischen Hofburg, Schottenkloster, Herrengasse und Stadtmauer ein Universitätsviertel anzulegen, nicht verwirklicht werden.
Zu Beginn des 15. Jahrhunderts hatte die Universität genügend Mittel, um sich selbst ein größeres Areal in der Bäckerstraße anzukaufen. Darauf wurde von 1423 - 1425 ein neues Universitätsgebäude errichtet. Diese *Nova structura* (Neue Schule) belegte zur Hälfte die Artistische Fakultät, die andere Hälfte nutzten die Juristen, Mediziner und Theologen. Im ersten Stock befand sich jene Aula, in der Aeneas Silvius Piccolomini, seit 1443 Sekretär der Reichskanzlei, die ersten zündenden Reden gegen die scholastische Wissenschaft hielt und damit der humanistischen Bewegung in Österreich starke Impulse gab [43, S. 22].
Die Wiener Universität, die Älteste im deutschen Sprachraum, verfügte offenbar über eine starke Artistenfakultät. Das hatte mehrere Gründe. Zunächst bot das Studium der Artistik die Grundlage für ein Überwechseln in *obere* Fakultäten. Wer sogleich die *höheren* Studien anstrebte, wie Adels- oder Klerusangehörige, durchlief in der Regel nicht die Artistenfakultät. Diese fand aber starken Zulauf durch weniger vermögende Scholaren,

da die Wiener Universität, neben Köln und Leipzig, um 1450 zu den billigeren Universitäten zählte. Sogleich nach der Gründung gab es 1366 regelmäßige Vorlesungen für die Studierenden dieser Fachrichtung. 1384 lehrten dort bereits elf Magister, die zum Teil aus Paris oder Prag gekommen waren. Am *Collegium civium* (Stephansschule) wurden vier weitere *Magistri artium* beschäftigt. Mit dem Anstieg der Scholarenzahl stieg entsprechend die Zahl der lesenden Magister. Im Jahr 1452 lehrten bereits 103. Nach einer 1384 festgelegten Dotation erhielt ein Artistenmagister eine verhältnismäßig niedrige Besoldung von 20 Pfund jährlich.

1384 erfolgte auch eine neue geographische Einteilung der Studierenden nach Nationen. Königsberg in Franken wurde der rheinischen Nation zugerechnet. Mit dem Erlaß neuer Statuten hatte sich die Artistenfakultät 1389 eine feste Studienordnung gegeben, sowie Prüfungs- und Promotionsordnungen erlassen, in denen die Ablegung der Baccalariats- und Licentiatsprüfungen und die Graduierung zum Magister der Artistik geregelt waren. Diese Statuten galten im wesentlichen noch während Regiomontans Wiener Studienzeit [109, S. 18 ff.].

Die artistischen Fächer Mathematik und Astronomie erhielten eine Stütze, als Heinrich von Langenstein (1325 - 1397) 1384 als Hochschullehrer nach Wien berufen und dort erster Rektor der Volluniversität wurde [34, S. 1]. *Henricus de Hassia* (Langenstein) gehörte zu den bekannten Lehrern der Pariser Hochschule, war Magister artium sowie Doktor der Theologie und hatte sich durch astronomische Schriften, u. a. über die Deutung eines Kometen, einen Namen gemacht. Ganz entschieden trat er gegen die Sterndeuter auf. Als Langenstein nach Wien ging, nahm er nicht nur Bücher, sondern auch Beobachtungsgeräte mit, die ihm bei Beobachtungen und Messungen in Wien dienlich waren [122, S. 81, 84].

Auf das geistige Erbe Langensteins baute Johann (Krafft) von Gmunden auf, den man als Begründer der sogenannten *Ersten*

Wiener mathematischen Schule bezeichnen kann [32, S. 71, 74 f.]. Als Magister artium und Theologe, 1417 hatte er die Priesterweihe empfangen, hielt er Vorlesungen über naturwissenschaftliche, aber auch über theologische Themen, wobei er die scholastische Methode vertrat. Von etwa 1416 bis 1434 widmete er sich nur noch den mathematisch-astronomischen Gegenständen. Die Sterndeuterei lehnte er, ebenso wie Langenstein, ab. Er war der erste Magister der Universität Wien, der sich auf ein einziges Fachgebiet, den quadrivial-naturwissenschaftlichen Disziplinen der *Artes liberales*, spezialisierte. Seine Schriften und astronomischen Instrumente vermachte er der Bibliothek der artistischen Fakultät. Johannes Krafft, zwischen 1380 und 1385 im oberösterreichischen Gmunden geboren, starb am 23. Februar 1442 als Domherr von St. Stephan in Wien [54, S. 86 f.].

Der zweite große Repräsentant der *Ersten Wiener mathematischen Schule* wurde Georg Aunpeck aus Peuerbach (Oberösterreich). Georg von Peuerbach kam am 30. Mai 1423 zur Welt. Wo er sich in jungen Jahren bildete, ist nicht genau bekannt. Erst mit 23 Jahren ist er an der Wiener Universität inskribiert, wurde 1448 Baccalaureus, 1452 Lizentiat und 1453 Magister artium. 1457 erhielt Peuerbach gemeinsam mit Regiomontanus die Zulassung als Magister *actu regens*. Das bedeutete, daß die beiden Magister Vorlesungen übernahmen und dafür eine regelmäßige Besoldung erhielten. Aber wahrscheinlich hat Peuerbachs Regenz nicht erst 1457, sondern bereits früher (1454) begonnen. Fest steht, daß sich Peuerbach von 1448 bis zum Frühjahr 1451 in Italien aufgehalten hatte. Im Stammland des europäischen Humanismus bildete er sich weiter und schloß Bekanntschaften, die ihm, ohne daß er im Besitz des artistischen Magisteriums war, einen Auftritt in der Universität Padua ermöglichten. Viele Jahre später, nämlich im April 1464, wird Regiomontanus in der gleichen Universität in Padua eine Vorlesung über die arabische Astronomie des al-Farghani (Alfraganus) halten und dabei erwähnen, daß auch sein Lehrer Peuerbach in Padua gelehrt habe [30, S. 56]. Der Lehrstoff der artistischen Fakultät in Wien umfaßte alle Fächer, die zeitgemäß waren. Arithmetik, Geometrie, Astronomie und Musiktheorie wurden ebenso gelehrt, wie die Algorismen der ganzen Zahlen und Brüche. Auf dem Programm standen weiter die Proportionslehre, die Elementargeometrie nach den ersten Büchern der *Elemente* des Euklid, die Planetentheorie, die Optik (Perspektive) und Kalenderrechnungen. Wie man sieht, wurde an der Universität Wien ein umfassendes und anspruchsvolles Lehrprogramm geboten.

Damit war aber das Vorlesungsangebot keineswegs erschöpft. In den trivialen Disziplinen stand die Grammatik als Grundlage des lateinischen Unterrichts auf dem Lehrplan. Viel Zeit wurde für die Dialektik (Logik) aufgewendet, um die Studenten auf die Disputationen vorzubereiten. Naturphilosophischer Unterricht nach Aristoteles rundete das Vorlesungsprogramm ab. Die Universität Wien entwickelte sich im 15. Jahrhundert zum europäischen Zentrum mathematischer Aktivitäten [54, S. 85 f.], [109, S.30].

Als Johannes Regiomontanus im Frühjahr 1450 nach Wien kam, angezogen vom großen Ruf der *Alma Mater Rudolfina*, fand er alle Voraussetzungen vor, die er in seinem Streben nach hohem Wissen erwartete. Die Universitätsgebäude lagen, wenn auch verstreut, im *Stubenviertel* (heute der Bereich um die Akademie der Wissenschaften) und boten den Fakultäten eine ausreichende Unterkunft. Anerkannte Hochschullehrer unterrichteten nach einem geordneten Lehrplan. Studien- und Prüfungsordnungen regelten den Universitätsbetrieb. Die vielseitigen und wertvollen Handschriftensammlungen in den Bibliotheken in und um Wien gaben die Möglichkeit intensiver Studien.

Der Königsberger immatrikulierte sich in Wien im April 1450. Zinner gibt den 15. April als Datum an [126, S. 13]. In der Matrikel ist er als *Johannes Molitoris de Künigsperg* an 44. Stelle unter der *rheinischen Nation* eingetragen. An Gebühren waren zwei Groschen zu zahlen, wobei, da die höchste Gebühr vier Groschen betrug, der Festsetzung mittlere Vermögensverhältnisse des Studenten oder seiner Familie zugrunde gelegt wurden. Vorlesungen kosteten zusätzlich zwischen drei Groschen und einem Gulden. Als Rektor der Universität wirkte im Sommersemester 1450 der Jurist und Breslauer Domherr Conradus Pistoris aus Hallstadt. Dekan der Artistenfakultät war der Kanoniker Paulus Leubmann aus Melk. Das Amt des Prokurators der rheinischen Nation übte der Mediziner Thomas Mestlin aus. Da das Sommersemester bereits am Tag der Heiligen Tiburtius und Valerian (14. April) begann, ist anzunehmen, daß Johannes Müller ohne Verzug die ersten Vorlesungen belegte. Sie wurden als *publica* oder *privata* gehalten und begannen im Sommer um sechs, im Winter um sieben Uhr. Regiomontanus wird sich eine Studentenschlafstelle in der Nähe des neuen Universitätsgebäudes gesucht haben. Das Wecken der Scholaren erfolgte jeweils eine Stunde vor Vorlesungsbeginn durch das *Primglöcklein* der Stephanskirche. Es kann mit Sicherheit gesagt werden, daß Regiomontanus seine Zeit für die Studien sofort zu nutzen begann [24, S. 212 ff.].

Georg von Peuerbach kam im Frühjahr 1451 aus Italien zurück. Es lag in seiner Natur, daß er es verstand, dort, wo er war, Freunde zu gewinnen. So erneuerte er seine früheren Bekanntschaften in Wien und fand Anschluß bei Männern, die wie er die *studia humanitatis* verehrten oder astronomisch-mathematisch interessiert waren. Die Gleichgesinnten fanden sich bei Hof, in Klöstern, besonders im Stift Klosterneuburg und natürlich in den Lehranstalten. Der mit Peuerbach befreundete Kardinal Cusanus hielt ihn bereits um 1450 für einen großen Astronomen, obwohl Peuerbach zu dieser Zeit seine Magisterlaufbahn noch gar nicht begonnen hatte. Aus diesem Grunde konnte er 1451 nach den strengen Regeln der Universität Wien, im Gegensatz zu Italien, noch keine Vorlesungen halten. Daß Regiomontanus Georg von Peuerbach im Hörsaal kennengelernt haben soll, kann nur so verstanden werden, daß Peuerbach, der sich auf sein Magisterium vorbereitete, dem um 13 Jahre jüngeren Königsberger dort

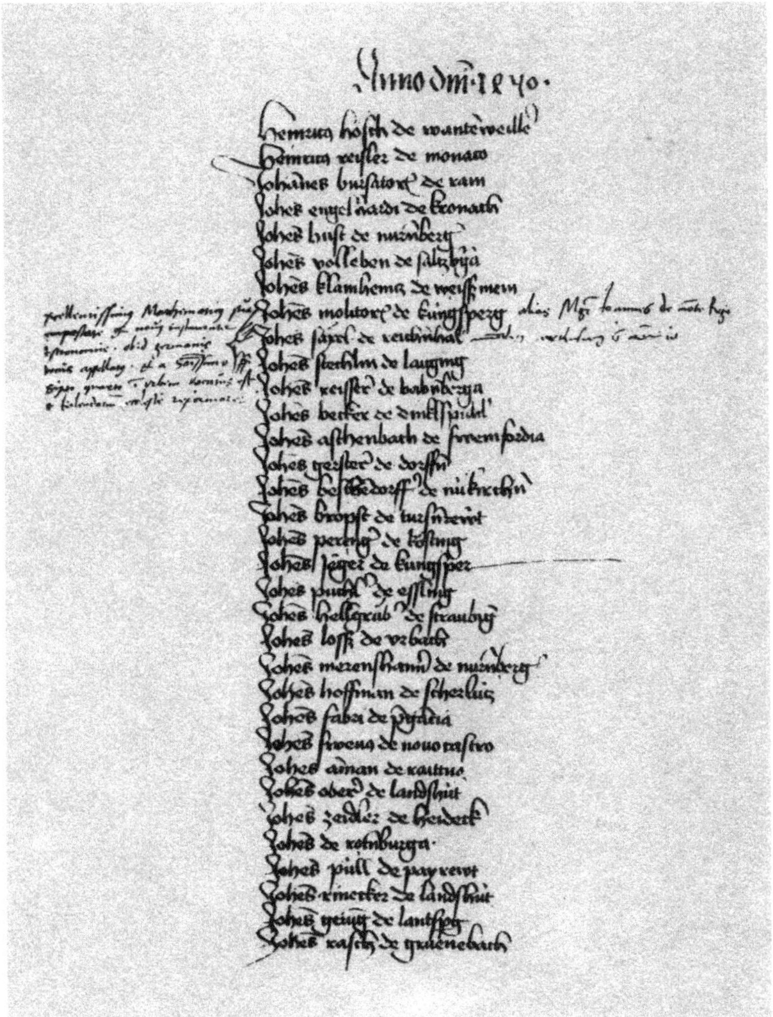

Abb. 9: Scholarenverzeichnis 1450. Regiomontanus steht an 8. Stelle mit dem späteren Zusatzvermerk auf seinen Ruhm

Abb. 10: Maximilian I. (1459 - 1519) und seine 1. Frau Maria von Burgund (1457 - 1482). Zeichnung um 1477

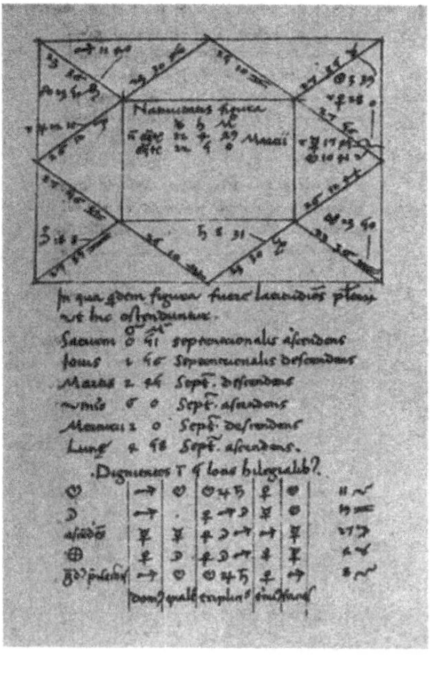

Abb. 11: Ein Blatt aus Regiomontans Horoskop für Maximilian I.

bei einer Vorlesung begegnet ist. Da sich Peuerbachs Ruf als hervorragender Kenner der Astronomie, wenn auch noch ohne Lehrbefugnis, in Wien herumgesprochen hatte, wird Regiomontanus seine Bekanntschaft bei irgend einer Gelegenheit gesucht haben. Peuerbach war von dem Wissen des Johannes Müller beeindruckt und bot ihm in seinem Haus eine private Unterrichtung an. Es war üblich, daß Scholaren bei ihren Lehrern logierten und gegen Bezahlung verköstigt wurden.
Peuerbach war nach seiner Rückkehr aus Italien in eine finanzielle Notlage geraten und auf solche Einnahmen angewiesen [32, S. 80 f.]. Regiomontanus wird nicht lange gezögert haben und verließ seine Schlafstelle in einer der *Bursen* oder *Kodrien* (Herbergen), in denen die Studenten im allgemeinen lebten [24, S. 214]. Legt man als Zeitpunkt die Auftragserteilung des Eleonoren-Horoskops zugrunde, erfolgte Regiomontans Aufnahme bei Peuerbach etwa Mitte 1451 [126, S. 34]. Der Privatunterricht bei Peuerbach, der natürlich intensiver gestaltet werden konnte als in einem Universitätshörsaal, schloß nicht aus, daß Regiomontanus zusätzlich ergänzende Vorlesungen der Artistenfakultät besuchte. Zwischen Peuerbach und Regiomontanus entwickelte sich ein enges Lehrer-Schüler-Verhältnis, das zu einer wahren Freundschaft führte. Zu mehr nicht, denn Peuerbach unterhielt in dieser Zeit eine gefühlvolle Beziehung zu Reimbert Mühlwanger, der 1453 verstarb [30, S. 56 f.].

Die Wiener Horoskope

Als erster Wiener Beleg für Regiomontans geniale Fähigkeiten gilt das in seiner unverkennbar jugendlichen Handschrift erhaltene Geburtshoroskop der Prinzessin Eleonore von Portugal. Die Autorenschaft Regiomontans wird neuerdings in Zweifel gezogen, weil es sich auch um die Abschrift einer Arbeit seines Lehrers

Peuerbach handeln könne. König Friedrich IV. (Kaiser Friedrich III.) beabsichtigte, die Prinzessin aus Portugal zu heiraten, und wollte sich, sterngläubig wie die Zeit war, über die Zukunft der Ehe astrologisch beraten lassen. Es wurde nun überlegt, daß ein solch ehrenvoller Auftrag niemals an einen 15jährigen Scholaren vergeben worden wäre. Die Beziehungen zum Hof hätte der dort bekannte Peuerbach und nicht Regiomontanus gehabt. Im übrigen wiesen Textvergleiche darauf hin, daß manche Passagen des Horoskops in Peuerbachs Schriften vorkommen [31, S. 270 ff.]. Diese Argumente sind gewichtig, müssen aber nicht zwingend zu dem Schluß führen, Regiomontanus könne als Verfasser des Eleonoren-Horoskops nicht in Frage kommen. Eine Anzahl von Fakten sprechen nach wie vor für die Autorenschaft des Königsbergers.

Zunächst einmal war Regiomontanus nicht irgend ein Scholar. Wissenschaftshistoriker wie Ernst Zinner [126, S. 12] und Günther Hamann [44, S. 54, 56] betonen die weit überragenden Fähigkeiten des mit unersättlichem Wissensdurst und geniehafter Rechengewandtheit begabten Knaben, dem die Berechnung eines Horoskops nach dem, was er in Leipzig gezeigt hatte, durchaus zuzutrauen war. Sein großes Wissen wird dort, wo gelehrt wurde, nicht unbemerkt geblieben sein. Man kann daher nicht von vornherein sagen, daß ein Auftrag des Hofes an eine solche Begabung nicht vergeben worden wäre. Es fragt sich allerdings, wie die Verbindung zur Hofburg zustande gekommen sein könnte.

Zinner schließt nicht aus, daß Friedrich III. von der Begabung Regiomontans erfahren hat. Der Monarch war astronomisch äußerst interessiert und hielt sich ständig auf dem laufenden, um informiert zu sein, was sich auf diesem Gebiet an "seiner" Universität alles tat. Ein genialer Scholar wie Johannes Molitoris konnte nicht übersehen werden [43, S. 21]. Ob das genügte, um die Erstellung einer so wichtigen Nativität diesem jungen Studenten anzutragen, erscheint dennoch weniger wahrscheinlich. Die Brücke zum Hof muß bei Georg von Peuerbach zu suchen sein. Peuerbach war dort gut bekannt und hatte demnach die entsprechenden Fürsprecher. Es ist allerdings bei der Prüfung der Autorenschaft an sich von sekundärer Bedeutung, ob nun der Auftrag dem Astronomen Peuerbach zukommen sollte oder direkt an Regiomontanus vergeben wurde. Selbst wenn wir die Auftragserteilung an Peuerbach unterstellen, so ist damit noch nicht gesagt, daß er die Arbeit auch tatsächlich ausführte. Wir wissen von den privaten Schwierigkeiten, die Peuerbach in dieser Zeit belasteten. Es waren nicht nur finanzielle Sorgen. Peuerbach litt schwer darunter, daß sein Freund Mühlwanger 1451 Karthäusermönch wurde. Diese Belastungen behinderten in jedem Fall eine relativ kurzfristige Fertigstellung des Auftrages.

Der Horoskopauftrag wird vor oder um den 1. August 1451 erteilt worden sein. An diesem Tage wurde die Eheschließung in Lissabon *per procurationum* vollzogen. Wenn möglicherweise bereits bei der Aushandlung des Ehekontrakts im Dezember 1450 an eine Schicksalsdeutung gedacht wurde, so war es sinnvoll, den Gedanken erst zu realisieren, als die eheliche Verbindung rechtlich besiegelt worden war. Daher kann der Zeitpunkt der Auftragserteilung um den 1. August 1451 als fundiert betrachtet werden. Der maßgebende und gültige Trauungsakt aber war die kirchliche Hochzeit. Auf dieses Datum mußte die Nativität abgestellt werden. Weil die kirchliche Handlung mit der Kaiserkrönung zusammenfallen sollte, vergingen einige Monate, bevor Papst Nikolaus V. am 16. März 1452 Friedrich III. und Eleonore von Portugal in Rom trauen konnte. Die Nativität sollte in angemessener Frist nach diesem Ereignis fertiggestellt sein [31, S. 269, 271]. Das Horoskop mußte somit unter Zeitdruck erstellt werden. Peuerbach rechnete auf jeden Fall mit *seinem* Regiomontanus.

Aunpecks Hausgenosse hatte sich mit Eifer über ein Jahr lang in Wien weiterbilden und seine großartige Begabung entwickeln können. Peuerbach wußte um die frühreife Überdurchschnittlichkeit seines Schülers, die Regiomontanus befähigte, selbst schwierige mathematisch-astronomische Aufgaben zu lösen [43, S. 27]. Peuerbach sah aber auch, daß der Hochbegabte eine Bewährungschance brauchte, um sich bestätigt zu sehen. Und so wird er sich entschlossen haben, seinen Auftraggeber zu bitten, das Horoskop durch seinen hervorragenden Schüler *Johannes Molitoris* berechnen zu lassen. Bekanntlich sind Fürsten zu allen Zeiten gerne Mäzene von Wunderkindern gewesen. Die warme Befürwortung durch Peuerbach veranlaßte Friedrich III., seine Zustimmung zu geben.

Es war mehr als eine freundschaftliche Geste, daß Peuerbach dem, den er besonders fördern und herausheben wollte, die Ausarbeitung des prestigeträchtigen Auftrages überließ. Daß sich Regiomontanus dabei an die Lehren und Schriften seines Lehrers anlehnte, wird an einigen Stellen der Nativität zwar erkennbar [32, S. 90], das spricht aber keinesfalls gegen seine Autorenschaft. Es ist nicht ungewöhnlich, daß sich wissenschaftliche Arbeiten auf Vorautoren stützen. Es war auch selbstverständlich, daß der Lehrer seinem jungen Schüler bei der Formulierung mancher Stellen in der Arbeit behilflich war. Dadurch wurde die Arbeit aber nicht zu einer Arbeit Peuerbachs. Die gewünschte Kurzfristigkeit zur Fertigstellung bereitete dem im Rechnen geübten Regiomontanus weniger Probleme. Er stand aber unter Zeitdruck. Einige Schreibfehler in der vorhandenen Handschrift könnten darauf zurückzuführen sein. Felix Schmeidler stellt jedenfalls fest: *Eine klare Entscheidung dieser Frage* (Anm.: Autorenschaft) *läßt sich heute aus Mangel an Unterlagen nicht mehr treffen. Wir müssen uns damit begnügen, daß Regiomontanus aus Gründen, die nicht zweifelsfrei widerlegt werden können, als Verfasser des Horoskops gilt* [100, S. E 3. I, XI, XII].

Am Anfang und am Ende seiner Wiener Zeit stehen also die zwei Nativitäten, die Regiomontanus auszeichneten, nämlich das Eleonoren-Horoskop und das Horoskop für deren Sohn Maximilian.

Beim Geburtshoroskop Maximilians I., das Regiomontanus auf

Wunsch der Kaiserin Eleonore für ihren neugeborenen Prinzen vermutlich im Frühjahr 1459 erstellt hat, bediente sich der Verfasser - durchaus legitim - ebenfalls stilistischer Vorlagen seines Lehrers Peuerbach. Der dreiundzwanzigjährige Königsberger war aber bereits seit 1457 Magister, und aus dem Text der Einleitung ist im Vergleich zum Eleonoren-Horoskop die Entwicklung vom Schüler zum gleichberechtigten Gelehrten erkennbar. Helmuth Grössing stellt fest: Die Nativität Maximilians I. kann ... mit gutem Grund Regiomontanus zugeschrieben werden [31, S. 274 f.]. Gerade diese Feststellung verweist auch wieder auf Johannes Müller als den Verfasser des Eleonoren-Horoskops. Denn zwischen beiden Nativitäten muß ein Zusammenhang bestehen. Zinner erklärt ihn damit, daß die Kaiserin mit der auf sie bezogenen Deutung so zufrieden war, daß sie das Stellen der zweiten Nativität für ihren Sohn Maximilian bewußt dem übertragen wollte, der einige Jahre zuvor ihre Schicksalsdeutung ausgearbeitet hatte. Daß das Regiomontanus war, wird auch daran deutlich. Im übrigen ist das 1451/1452 erstellte Horoskop nicht, wie Peuerbach es sonst bei seinen Arbeiten handhabte, mit GdP signiert. Nun könnte man einwenden, daß das vergessen worden sei. Aber es gibt einen untrüglichen Hinweis auf den Verfasser Johannes Müller, der die Autorenschaft Peuerbachs ausschließt. Regiomontanus beginnt die Nativität mit dem Wort *Jesus*. Dem Astronomen Peuerbach, im humanistischen Denken verwurzelt und Anhänger antiker Lebensweisen bis hin zur Jünglingsverehrung, war ein christliches Signum fremd. Das war vielmehr typisch für den Köngisberger, der immer ein christliches Eignerzeichen verwendete [126, S. 20, 35 ff., 210].

Es hat den Königsberger tief beeindruckt, mit welcher Selbstlosigkeit Peuerbach ihm, dem Fünfzehnjährigen, diesen Auftrag abtrat und mit welch besonderem Wohlwollen er ihm half, mit dieser Arbeit fertig zu werden. Eine solche herausgehobene, nicht allgemein übliche und weit über das gewöhnliche Maß hinausgehende Förderung erklärt auch die Anhänglichkeit, die Regiomontanus seinem Lehrer Peuerbach gegenüber zeitlebens empfand, auch dann noch, als er selbst bereits eine europäische Berühmtheit geworden war [43, S. 41]. Regiomontanus hatte in Wien nicht aufgehört, ein Wunderkind zu sein. Das Eleonoren-Horoskop ist ein Zeugnis dafür. Deswegen spielt es bei der Beurteilung der Leistungen Regiomontans in seinen jungen Jahren eine wichtige Rolle.

Zum Eleonoren-Horoskop schrieb Johannes Müller einleitend an den Kaiser (gekürzt wiedergegeben):

Du wünschtest, erhabener Herr, beharrlich, daß ich das Schicksal einer allerhöchsten Fürstin aus dem Stand der Sterne bei ihrer Geburt deute. Wahrlich, eine schwere Last hast Du auf meine Schultern gelegt. Denn ein solches Ding verlangt sehr große und viele Berechnungen, natürlich auch Erwägungen über die Natur der Sterne, so daß eine solche Deutung von keinem Erfahrenen in wenigen Tagen geliefert werden kann. Indessen ist Dein Wohlwollen mir gegenüber so groß, daß ich mich gezwungen fühle, alle Kräfte anzuspannen und Deinen Wünschen zu gehorchen. Um so lieber übernehme ich diese Arbeit, als ich weiß, daß Du bei Deiner überall bewährten, größeren Klugheit meine Deutung richtig verstehen wirst.

Die Nativität Maximilians I. widmete Regiomontanus der Kaiserin mit folgenden Worten:

Eine große Last hast Du, allerhöchste Kaiserin, auf meine Schultern gelegt, als du von mir verlangtest, das Schicksal Deines Sohnes aus den Sternen zu deuten. Denn schwer und außerordentlich schwierig ist es, über die Zukunft etwas Genaues aus den Sternen zu ersehen. Wer dies unternehmen will, muß viele Dinge kennen. ... Als ich mich an die Arbeit machte, befiel mich ein großer Schrecken. Obwohl mir die Natur eine gewisse Begabung mitgegeben hat, so weiß ich doch, daß ich die hierzu nötigen Kenntnisse nicht habe. Jedoch muß ich der allerhöchsten Kaiserin Leonore gehorchen. Wenn ich also meinen Auftrag weniger gut ausführen sollte, so meine ich, daß nicht nur mir, dem Gehorchenden, sondern auch Dir, der Befehlenden, die Schuld zugeschrieben werden müsse. Um so leichter würde ich die Last auf mich nehmen, als ich bei Dir eine solche Kenntnis der Dinge und Nachsicht voraussetzen darf ... [126, S. 37 f.].

In beiden Einleitungen kommt die gleiche Formulierung ... *eine schwere/große Last hast Du auf meine Schultern gelegt* ... vor, was auf den gleichen Autor schließen läßt. Diese typische Wortwahl verwendete Regiomontanus auch im Brief an Roder (S. 105): *Die Last dieser ... Aufgabe lastet auf meinen Schultern.*

Der Humanist und Rechner

Am 16. Januar 1452 wurde Regiomontanus zum Baccalaureat zugelassen. Er verbrachte die ganze Zeit bei seinem Lehrer Peuerbach, der 1453 Magister artium wurde. Für Peuerbach begann damit die offizielle Lehrtätigkeit in Wien. Ab 1454 finden sich Aufzeichnungen Regiomontans über Vorlesungen, die Peuerbach gehalten hat [126, S. 33 f.]. Die wichtigsten Vorträge über naturwissenschaftliche Themen, z. B. über die Planetentheorie, hielt Peuerbach nicht in der Universität, sondern in der Bürgerschule. An der Artistenfakultät der Universität beschäftigte er sich vor allem mit den lateinischen Klassikern wie Vergil, Juvenal, Horaz u. a. [44, S. 62]. Seit Aeneas Silvius Piccolomini, 1443 bis 1455 am kaiserlichen Hof tätig, den humanistischen Gedanken nach Österreich gebracht und in seinen Vorträgen an der Wiener Universität aufgerufen hatte, das erstarrte mittelalterliche Denken anhand der besten antiken Schriften zu erneuern [126, S. 18 f.], wurden ab 1451 Vorlesungen über römische Dichter in das Studienprogramm der Artisten aufgenommen.

Peuerbach wurde ein glühender Verehrer dieser neuen Geistesrichtung. Es blieb nicht bei einer engagierten Wissensvermittlung an Studierende. Antike Lebensweisen übernahm Regiomontans Lehrer auch für sein Leben. Er suchte nach griechischem Vorbild vorwiegend Männerbekanntschaften. Ob alle Verbindungen *platonisch* verliefen, muß nicht untersucht werden. Nach humanistischer Manier versuchte er sich auch in einer zeitgemäßen Prosadichtung, die sich *als echte Erlebnislyrik hoch über vieles Vergleichbare anderer "astronomi poetae"* abhob. Als sich sein Lieblingsschüler und inniger Freund Reimbert Mühlwanger von Peuerbach abwenden wollte, schrieb er:

Nimm denn, was Du erforderst, ich werde Dich niemals mehr bitten,
Nächtlich die Bettstatt zu teilen, mir zur Seite zu liegen ...
Alles ertrag ich fürwahr, nur nicht dies! Kehr doch zurück ...!
So leb denn wohl, mein Freund, meine Hoffnung, mein höchstes Vergnügen.
Sorge Dich stets um Dein Glück, denke auch immer an mich!

Mühlwanger wurde 1453 Priester, wahrscheinlich in einer Melker Pfarrei. Bereits erkrankt, wandte er sich in letzter Not an seinen ehemaligen Liebesfreund: ... *habesne pillulas contra pestem?*. Bald darauf starb er im Sommer 1453 und hinterließ Peuerbach in großer Verzweiflung: *Trauernd im Herzen kann ich nicht singen, Lieder Dir dichten ... O du, des grausamen Todes pestvergiftetes Schwert, warum fällt mir denn nicht gleiches Schicksal anheim?* ...[30, S. 55 f., 60, 62].
Die Lebensumstände Peuerbachs blieben nicht ohne Eindruck auf Regiomontanus. Mit einer gewissen Zurückhaltung stand er der humanistischen Leidenschaft Peuerbachs gegenüber, ohne dessen *Griechische Liebe* zu verurteilen. Im Gegenteil, er bezeugte sogar den *einwandfreien Lebenswandel* seines Lehrers, wobei er wohl mehr das Verhalten Peuerbachs ihm gegenüber im Sinn gehabt haben mag. Regiomontanus fühlte sich an seine christliche Grundhaltung gebunden. Sie leitete ihn auch in dieser Situation von Anfang an. Seine Leidenschaft galt allein den Naturwissenschaften. Das war sein Lebensinhalt [126, S. 20].
1453 mußte Regiomontanus zeitweise auf seinen großen Lehrmeister verzichten, als dieser Hofastrologe des Königs Ladislaus für ein Jahresgehalt von 24 Pfund wurde und eine Reise nach Ungarn anstand. Aber Regiomontanus war bereits so selbständig, daß er allein weiterarbeiten konnte. Nach seiner baldigen Rückkehr nach Wien stellte Peuerbach aus Erwerbsgründen Kalender jeweils für die nächsten Jahre her und verfaßte Aderlaßzettel, um seine Einnahmen aufzustocken [32, S. 81].
Trotz dieser Sorgen um das "tägliche Brot" nahm sich Peuerbach Zeit, um sich der Weiterbildung Regiomontans zu widmen. Er hatte die Absicht, den Königsberger nicht nur als den wichtigsten Mitarbeiter, sondern auch als seinen geistigen Nachfolger heranzuziehen, ohne zu wissen, daß der Schüler im Berühmtsein seinen Meister einmal übertreffen würde [43, S. 24].
Gemeinsam führten sie seit 1451 Beobachtungsreihen über die Orte, Bahnen und Konstellationen der Planeten durch, bestimm-

ten die Polhöhen und die Sonnenhöhen Wiens, berechneten Mondphasen und Finsternisse, wobei Peuerbach und Regiomontanus einmal eigens nach Melk reisten, um vom Klosterturm des Benedektinerstifts eine Mondfinsternis zu beobachten und das Ergebnis auszuwerten. Erste Ansätze zu einer exakten Kometenforschung entstanden in Wien [44, S. 63 f.], als Peuerbach und Regiomontanus 1456 das Glück hatten, eine Kometenerscheinung zu beobachten. Es war für beide Astronomen ein bedeutendes Ereignis, denn sie sahen den Kometen, der nur alle 76 Jahre erscheint und der später seinen Namen nach dem englischen Astronomen Edmund Halley (1656 - 1742) erhielt [126, S. 26]. Dessen Berechnung der Wiederkehr des berühmten Kometen für 1758 hatte gestimmt. Ansonsten waren bei den Durchgangszeiten des seit über 2000 Jahren bekannten Objekts erhebliche Residuen aufgetreten. Die Aufzeichnungen über die letzten sieben Periheldurchgänge (1456 - 1910) dienten der Korrektur dieser Berechnung [98, S. 248], [96, S. 92], [4, S. 90].

Der Halley-Komet kam zuletzt wieder 1986 der Erde am nächsten. Die Forschung setzte alle technischen Möglichkeiten ein, um Meßdaten zu erhalten, die auf die Zusammensetzung der Ur-Materie schließen lassen. Bis jetzt wird angenommen, daß die Sonne, die Planeten und die Kometen zur gleichen Zeit etwa vor 4,5 Milliarden Jahren entstanden sind. Sechs Raumsonden wurden ins All transportiert und gaben sich ein kosmisches Rendezvous. Die Europäer starteten die Kometensonde *Giotto*, die Russen gleich zwei vom Typ *Vega*, die Japaner waren dabei und die Amerikaner mit der Sonde *ICE* (International Cometary Explorer). Die Wege, auf denen die Raumsonden den Kometen *Halley* erreichten, um dann in dessen Kometenschweif einzudringen, waren verschieden. Die amerikanische Sonde *ICE-3* erreichte *Halley* im März, und zwar nach einem vorherigen Flug durch den Schweif des Kometen *Giacobini-Zinner*.

Dieser Komet ist erstmals von dem Astronomen Giacobini 1900 beobachtet worden. Giacobini war zu dieser Zeit an der Sternwarte in Nizza tätig. Er entdeckte den Kometen, den Ernst Zinner 1913 erneut entdeckte und berechnete. Da zwei unabhängige Entdeckungen vorlagen, erhielt der Komet den Doppelnamen *Giacobini-Zinner*. Die Umlaufzeit des Kometen beträgt 6,41 Jahre. Er ist Ursprung eines sogenannten Draconiden, das ist ein periodisch im Oktober auftretender Meteorstrom. Die Benennung der einzelnen Ströme richtet sich jeweils nach dem Sternbild, in dem der Radiant (Ausstrahlungspunkt) liegt. Im Falle *Giacobini-Zinner* liegt der Radiant des Meteorstroms im Sternbild *Draco* (Drache). Weltweit berühmt wurde das Objekt, und damit die Namen der Entdecker, im Jahr 1933, als in der Nacht vom 9. auf den 10. Oktober 1933 durch den Kometen einer der größten Sternschnuppenfälle seit Jahrhunderten ausgelöst wurde. Ernst Zinner, der sich in dieser Zeit zur Beobachtung in Portugal aufhielt, berichtete, daß die Menschen dort beim Anblick des gewaltigen Sternschnuppenfalls ängstlich in die Kirchen gelaufen seien, um zu beten. Ernst Zinner (*2.2.1886 in Goldberg - †30.8.1970 in Planegg b. München) war vom 1. April 1926 bis 31. Dezember 1953 Leiter der Remeis-Sternwarte Bamberg. Er ist der bedeutendste Regiomontanus-Biograph [74, S. 73].

Einen Blick müssen wir noch auf die mathematischen Schriften werfen, die Peuerbach und Regiomontanus in Wien zum Teil gemeinsam erarbeiteten, so daß als Verfasser häufig beide Namen angegeben wurden. Algorismus, Trigonometrie, Geometrie, das war das Feld, auf dem sich die beiden Astronomen jeder Aufgabe stellten. Mit besonderem Interesse studierte Johannes Müller die berühmte Wiener Instrumententechnik und entdeckte dabei seine Begabung, solche Kunstgegenstände selbst anfertigen zu können [44, S. 63 f.].

Regiomontans *Wiener Rechenbuch* (Papierhandschrift Cod. Vind. 5203) enthält eine Sammlung von Arbeiten Peuerbachs und Regiomontans, aber auch Abschriften anderer Autoren. Von den von Regiomontanus verfaßten, im Rechenbuch enthaltenen Arbeiten sollen nur einige erwähnt werden. Er schrieb über die Berechnung von Sinustafeln, über die Breitenbewegung der Planeten (*Theorica motus planetarum...)*, über den Inhalt der Kugel und über das 1. Buch der Kegelschnitte des Apollonios. Die *vollkommenen Zahlen* beschäftigten Regiomontanus ebenso, wie die *Berechnung von Quadrat- und Kubikwurzeln aus gewöhnlichen Brüchen, die keine Quadrate sind* [126, S. 47 f., 220 f.]. Aus einem 1463 geschriebenen Brief Regiomontans geht hervor, daß er mit der Algebra gut vertraut sei [58, S. 175 ff.].

An der Wiener Universität war die Erneuerung der Naturwissenschaft durch antikes Schrifttum ein ernsthaftes Bemühen. Die Kenntnis des ersten Buches Euklids wurde bei einem Baccalaureat vorausgesetzt. Ein Licentiat mußte alle fünf Bücher Euklids beherrschen. Daß die klassischen lateinischen Schriftsteller ebenso bekannt sein mußten, war selbstverständlich, wenn auch humanistische Naturwissenschaft erst mit Celtis *Collegium poetarum et mathematicorum* in Wien instituiert wurde [109, S. 40].

Regiomontanus meldete sich im Januar 1457 zur Prüfung für das Licentiat an. Seine Zulassung zur *Inceptio* als Magister erfolgte am 11. März 1457. Seinem Wissen und Können nach hätte er sich schon früher der Magisterprüfung unterziehen können. Die Wiener Prüfungsordnung sah aber vor, daß niemand vor dem 21. Lebensjahr Magister werden konnte. Regiomontanus erfüllte diese Voraussetzung erst im Juni 1457. Er wird daher im Sommer 1457 Magister artium geworden sein [126, S. 56]. Dem jungen Magister fiel die Ehre zu, am Fest der hl. Katharina, der Patronin der Artistenfakultät, die Ansprache zu halten. Am Tag der Schutzpatronin (um den 25. November) wurden alle Kandidaten für einen akademischen Grad zusammengerufen, um an einer *disputatio de quolibet* teilzunehmen. Jedem anwesenden Magister konnten zwei oder drei Quaestionen zur Beantwortung vorgelegt werden. Die Veranstaltung verlief immer in einem festlichen Rahmen [109, S. 30].

Die Regenz, d. h. die Bestätigung, daß seine Vorlesungen den Scholaren angerechnet werden, erhielt *Magister Johannes de*

Künigsperg am 11. November 1457 bewilligt. Gleichzeitig wurde ihm der Schlüssel zur Fakultätsbibliothek ausgehändigt. Dort und in den anderen Bibliotheken Wiens wird er den größten Teil seiner Zeit verbracht haben. Mit dem Unterricht begann Regiomontanus recht spät. Offensichtlich legte er auf die Abhaltung von Vorlesungen weniger Wert. Erst am 1. September 1458 übernahm er eine Vorlesung über die Optik, die er nach dem 13. Oktober (Semesterbeginn) zu halten hatte. Das Gleiche galt für eine am 1. September 1460 angemeldete Vorlesung über das 1. Buch der *Elementa* Euklids. Die letzte von ihm am 1. September 1461 angemeldete Vorlesung über Vergils *Hirtengedichte (Bucolica)* konnte wegen seiner Abreise nach Rom nicht mehr gehalten werden [126, S. 56 f.]. Wie wir sehen, entsprach Regiomontans Kenntnis der römischen Literatur durchaus den damaligen Anforderungen an einen Magister.

Abb. 12: Kaiser Friedrich III., Herrscher des Heiligen Römischen Reiches Deutscher Nation (1440 - 1493). Förderer der Wiener Universität und Anhänger der Astrologie

Matrikel und Acta facultatis artium

Aus dem Archiv der Universität Wien sind nachstehende Einträge zu entnehmen (nach P. Uiblein):

Matricula universitatis II (1421 - 1450/51), f. 75 v.

Unter den 236 im Sommersemester 1450 Immatrikulierten der rheinischen Nation steht *Johannes Molitoris de Künigsperg* mit einer Gebühr von *2 g (rossi)* an 44. Stelle. Es ist daher anzunehmen, daß Regiomontanus im April (nach dem 14. dieses Monats) 1450 immatrikuliert wurde.

Protocollum I nationis Rhenanae (1415 - 1582), f. 95 v.

In dem nach den Vornamen alphabetisch angelegten Verzeichnis der Scholaren der rheinischen Nation, die im Jahre 1450 vom Prokurator dieser Nation eingetragen wurden, findet sich auch *Johannes Molitoris de Künigsperg*. Dazu wurde später, etwa um 1500, am Rand vermerkt:

alias magister Joannes de Monte regio, excellentissimus mathematicus suo tempestate et novus instaurator astronomie, ob id Germanie decus appellatus et a sanctissimo papa Sixto quarto in Urbem vocatus est, ut kalendarium ecclesie reformaret.

Acta facultatis artium III. f. 56 r.

1452 Januar 16: Es wurden 42 Scholaren nach erfolgter Prüfung zur Erlangung des Grades eines *baccalarius artium* zugelassen und präsentiert. Die Reihung erfolgte wohl entsprechend dem Prüfungserfolg. Regiomontanus steht an 5. Stelle, obwohl er erst im 16. Lebensjahr stand und die anderen Prüflinge weit älter waren.

Tertius artuculus ad recipiendum scolares proxime examinatos etc. Admissi autem erant 42 scolares hoc ordine locati: ... 5 us Johannes Molitoris de Kunigsveld ... (Anm.: Schreibfehler, richtig Künigsperg).

Acta facultatis artium III. f. 99 r.

1457 Januar 3: 34 Baccalare bitten die artistische Fakultät um Präsentation an den Kanzler der Universität, damit sie zum *tentamen*, der Prüfung für das Licentiat, zugelassen werden. Die Fakultät überprüft ihr Betragen:

Primus (articulus) fuit ad videndum baccalarios etc. et comparuerunt coram facultate 34 baccalarii petentes, ut facultas ex more eosdem domino cancellario dignaretur presentare pro apercione cancellarie et ut tentamen eis aperiret. Auditis defectibus ipsorum coram facultate eodem die more solito fuerunt commissi decano cum suis super moribus inquirendis, quod factum est.

Acta facultatis III, f. 101 r.

1457 März 11: Es werden von der artistischen Fakultät 29 *Licentiati in artibus* zur Regenz und *Inceptio* (als Magister) zugelassen.

Regiomontanus ist an 4. Stelle gereiht. Auch wird mehreren Licentiaten Dispens gewährt, daß sie sich erst bei günstigeren Vermögensumständen einen eigenen Habit anschaffen und die vorgeschriebene Gebühr von 1 Gulden erlegen müssen. Daß auch Regiomontanus eine solche Dispens erhält, weist auf sein geringes Vermögen hin.

Fuerunt autem promoti licenciati pro tunc 29 hoc ordine locati: ... 4 us Johannes de Künigsperg ... Qui omnes fuerunt admissi ad regendum et incipiendum in artibus iuxta ordinaciones facultatis. Ex quibus petiverunt dispensacionem usque ad fortunam pigwiorem (Anm.: Richtig = *pignorum*) *super habitibus propiis habendis et florenis 2 us 3 us 4 us 20 us 21 us ...*

Acta facultatis artium III. f. 105 v.

1457 November 11: Die artistische Fakultät bewilligt Regiomontanus die Regenz, d. h., seine Vorlesungen werden auch den Scholaren angerechnet, und gewährt ihm einen Schlüssel zur Fakultätsbibliothek.

Et primo ad regendum in artibus fuit admissus ... magister Johannes de Künigsperg. Et claves concesse fuerunt ... magistro Johanni de Künigsperg ...

Acta facultatis artium III. f. 114 v.

Regiomontanus übernimmt die Ansprache für das Fest der Patronin der artistischen Fakultät, Katharina (25. November):

Item magister Johannes de Künigsperg acceptavit facere sermonem ad clerum in die vel circa diem cancte Katharine (Vermerk am unteren Rand).

Acta facultatis artium III. f. 117 v.

1458 September 1: Regiomontanus übernimmt die Vorlesung über die Optik, mit der er nach dem 13. Oktober zu beginnen hatte:

Ad distribuendum libros ordinarie legendos ... recepit ... magister Johannes de Künigsperg perspektivam communem.

Acta facultatis artium III. f. 136 v.

1460 September 1: Regiomontanus übernimmt die Vorlesung über das 1. Buch der *Elementa* Euklids, mit der er nach dem 13. Oktober zu beginnen hatte:

Ad distribuendum libros ordinarie legendos ... Et ... recepit ... magister Johannes de Künigsperg primum librum Ewclidis ...

Acta facultatis artium III. f. 145 r.

1461 September 1: Regiomontanus übernimmt die Vorlesung über Vergils *Bucolica*:

Primus ad distribuendos libros ordinarie legendos ... Et receperunt presentes magistri libros hoc modo: ... magister Johannes de Künigsperg Virgilium in Buccolicis ...

Anm.: Vergils Sammlung der Hirtengesänge (Bucolica) zählt, neben der Aeneis, zu seinen Hauptwerken [111, S. 5].

Italienische Renaissance

Kardinal Bessarion

Die Christenheit bot im 15. Jahrhundert ein trauriges Bild der Zerrissenheit. Auf der einen Seite stand Byzanz, auf der anderen Rom. Die byzantinische Kirche war durch die ständigen Türkenkriege und den damit verbundenen Gebietsverlusten zusammengeschrumpft und geschwächt. Sie ließ dennoch nicht ab von ihrem Haß gegen das abendländische Christentum, das durch den römischen Papst repräsentiert wurde. Alle Versuche einer Wiedervereinigung der getrennten Kirchen, die auch die staatliche Macht gestärkt hätte, erschienen aussichtslos. Der über Jahrhunderte immer tiefer gewordene Graben war unüberwindbar. Das Dogma vom Ausgang des Hl. Geistes, die Spendung der Taufe, der Gebrauch von ungesäuertem Brot bei der Messe, die Konsekrationsworte, das Fasten, die Anschauung über das Fegefeuer, über den Zölibat der lateinischen Priester und die orientalische Priesterehe, Bartlosigkeit oder Bartzwang, das alles waren Streitpunkte, über die sich Polemiker beider Seiten ereifern konnten.
Augustinus (354 - 430) und Thomas von Aquin (1225 - 1274), die dem Abendland einen theologischen Fortschritt gebracht hatten, waren zwar ins Griechische übersetzt und verbreitet worden, an das äußere Gepräge der lateinischen Kirche konnten sich die Byzantiner aber nicht gewöhnen. Selbst der Mönch Gregorius Mammas, als stellv. Patriarch von Alexandrien ein einflußreicher Befürworter der Union, fühlte sich in einer römischen Kirche fremd. Die Ikonen mit den bunten Mosaikbildern der griechischen Heiligen lagen ihm näher als die plastischen Darstellungen der abendländischen Kirchenkunst. *In diesen Kirchen könne er nicht beten. Er kenne keinen einzigen Heiligen der Lateiner. Deswegen mache er nur sein Kreuz und bete zu seinem Christus* [81, S. 16 f., 99].
Während sich die Kirchen stritten, kämpfte das byzantinische

Kaiserreich um Sein oder Nichtsein. Weite Gebiete Kleinasiens waren bereits von den Türken erobert. Das christliche Ostreich war in Reste zerstückelt. Zu Byzanz zählte als einziger zusammenhängender Landesbesitz nur noch der Peloponnes. Die Eroberung der Hauptstadt Konstantinopel konnte nur noch eine Frage der Zeit sein. Byzantinische Staatsmänner erkannten, daß allein bei einem Zustandekommen einer kirchlichen Union abendländische Hilfe zu erwarten sei. In dieser Situation trat Bessarion auf die Bühne des Geschehens. Er, der in der äußersten Stätte abendländischer Kultur, nämlich in Trapezunt am Schwarzen Meer, 1403 geboren wurde, hatte seine theologische Ausbildung in der byzantinischen Residenzstadt Konstantinopel erhalten und seine Studien bei dem reformgeneigten, das griechische Altertum verehrenden Philosophen Georgios Gemistos Plethon in Mysithra (= Mistra in der Nähe von Sparta) abgeschlossen.

Durch Vermittlung Plethons wurde Bessarion von Kaiser Johannes Palaiologos zur Führung von Verhandlungen zwischen Byzanz und Trapezunt mit dem Ziel eines Bündnisses gegen die Türken eingesetzt. Der diplomatische Erfolg veranlaßte den Kaiser, Bessarion zum Abt eines Klosters in Konstantinopel zu ernennen. 1437 folgte seine Erhebung zum Erzbischof von Nikaia, *allerdings weniger dieser Kirche vorzustehen, als um in den sich eröffnenden Unionsverhandlungen mit Rang und Würde aufzutreten. Mit dieser Berufung hatte Bessarion noch in sehr jungen Jahren bereits eine Stelle erreicht, die in der byzantinischen Kirche für die geistliche Laufbahn als die Höchste galt ...* [81, S. 38, 42 ff.].

Wenn sich die beiden Welten des Morgen- und Abendlandes mit ihren unterschiedlichen Bildungselementen, mit ihren Gegensätzen in Staat und Kirche und mit ihrer Entwicklung, die sie seit Jahrhunderten selbständig nebeneinander durchgemacht hatten, einmal harmonisch in der Seele eines Mannes vereinigten, so geschah dieses Wunder in der Zeit der ersten Blüte der Renaissance in der ehrwürdigen Gestalt und achtungsgebietenden Persönlichkeit ... Bessarions, würdigt Ludwig Mohler den Trapezunter Kirchenmann. Hervorgehoben werden auch dessen freundliches und versöhnendes Wesen, seine natürliche Würde und die rednerische Begabung, Eigenschaften, die ihm Achtung und Ehrfurcht einbrachten.

Das schloß nicht aus, daß Bessarion heftige Angriffe auch auf seine Person hinnehmen mußte, als das Unionskonzil 1438 in Ferrara und Florenz tagte. Mit kleinlichsten Unterschieden wurde versucht, die Verhandlungen zum Scheitern zu bringen. So war es für manche Konzilmitglieder aus dem Osten ein Greuel, daß die Lateiner das Kreuzzeichen von links nach rechts machten. In der byzantinischen Kirche ging das "richtig" von rechts nach links. Der Kaiser schaltete sich ein. Er brauchte die Union dringend und verhandelte über die Köpfe seiner Bischöfe hinweg direkt mit dem Papst (Eugen IV.). Unter schweren Mühen und unendlichen Kraftanstrengungen konnte dem Konzil endlich die Zustimmung zur Wiedervereinigung von Rom und Byzanz abgerungen werden. Bessarion, auf griechischer Seite zeitweise alleiniger Sprecher für die Union, hatte seinen maßgebenden Anteil daran [81, S. 1, 18, 137].

Seit dem Unionskonzil 1438 änderte sich Bessarions Leben. Der byzantinische Grieche mit lateinischer Geisteshaltung und humanistischer Denkweise paßte nach Rom. Bessarion war nach Beendigung des Konzils gerade dabei, von Venedig aus die Heimreise anzutreten, als ihn ein päpstliches Schreiben erreichte, das ihn, neben dem Bischof von Mitylene, beauftragte, die einigenden Bestrebungen zwischen der morgen- und abendländischen Kirche, möglichst an der Kurie in Rom, zu vertreten. Papst Eugen IV. sah die Notwendigkeit, Berater um sich zu haben, die mit den Besonderheiten der Ostkirche vertraut waren. Bessarion fuhr erst einmal heim. Am 18. Dezember 1439 ernannte ihn Eugen IV. zum Kardinal der römischen Kirche. Daraufhin entschloß sich der Neuernannte, nach Rom umzusiedeln (etwa 1441/42). Damit war sein Übertritt von der orthodoxen zur römischen Kirche besiegelt. In Rom wurde Bessarion freundlich aufgenommen. Vor allem wartete der italienische Humanistenkreis mit Spannung auf den griechischen Kardinal, dem der Ruf vorauseilte, ein großer Anhänger der antiken Literatur zu sein. Selbst in seinen theologischen Schriften zeigte sich immer wieder der Humanist Bessarion, wenn er an passender Stelle Sokrates und Platon zitierte [81, S. 205 ff.].

In Italien hatten sich gelehrte Kreise gebildet, die die strengen kirchlichen Anforderungen nach einer überpersönlichen gläubigen Geistigkeit als widergöttlich empfanden. Sie wollten die mittelalterliche christliche Denkweise, die, wie sie meinten, von der Natur wegführte, erneuern. Die Renaissance, die *Wiedergeburt* antiker Denk- und Lebensformen, die *Hinwendung zur Natur*, das war das Ziel dieser neuen Geistesrichtung. Es entstand im humanistischen Denken ein ganz neues Lebensgefühl, das auch alle Bereiche der Kunst durchdringen sollte. Italiens Humanisten wurden von *Kardinal Nicaenus*, wie Bessarion in Rom genannt wurde, nicht enttäuscht. Der Kirchenfürst versammelte in einer *Akademie* alle humanistischen Geistesgrößen um sich und machte es sich zur Lebensaufgabe, nach dem verlorengegangenen Schrifttum der Antike zu suchen. Das aber nur so nebenbei. Seine kirchlichen Aufgaben forderten einen vollen Einsatz. Ihm wurden zahlreiche Ämter übertragen. Als einer der tüchtigsten und angesehensten Kardinäle gewann er in Rom großen Einfluß.

Die Union zerbrach am Fanatismus der byzantinischen Theologen. Kaiser Konstantins Rettungsversuch mißlang. Klerus und das Volk waren restlos verblendet: *Lieber den Turban des Sultan in der Stadt als die Tiara des Papstes!* Der Wunsch ging in Erfüllung, bemerkt Mohler. Am 29. Mai 1453 fiel Konstantinopel in die Hand der Türken. Der Kaiser starb kämpfend an vorderster Front. Die Herrlichkeit von Byzanz ging unter. Nachdem das abendländische Bollwerk gegen die Osmanen zerschlagen war, schoben sich diese über den Balkan unaufhaltsam gegen die Donaulinie vor. Zur gleichen Zeit bedrohte der Islam von Afrika her das christliche Spanien. Das Abendland, in innere Kämpfe verwickelt, war nicht in der Lage, den osmanischen Eroberungszügen geschlossen entgegenzutreten [81, S. 7, 20 f., 284]. Wie sollte bei dieser politischen Situation ein noch so einflußreicher Kardinal bei seinen Bemühungen, die abendländischen Völker für einen Kreuzzug gegen die Türken zu gewinnen, Erfolg haben? Bis an sein Lebensende bemühte sich Bessarion um die Wiedergewinnung der Kaiserstadt am Bosporus durch einen Kreuzzug der westlichen Welt. Als päpstlicher Legat besuchte er die maßgebenden Fürsten. 1460 machte er sich im päpstlichen Auftrag auf die Reise nach Deutschland [80, S. 328 ff.].

Als Kardinal Bessarion auf der Rückreise im Mai 1460 nach Wien kam, zählte die Kaiserstadt an der Donau etwa 50 000 Einwohner. Aeneas Silvius Piccolomini, seit 1443 Sekretär an der Reichskanzlei, später (1458) als Pius II. zum Papst gewählt, beschrieb Wien als eine Großstadt mit Mauern und Türmen, stattlichen Häusern und blendendem Hausrat. Er berichtete aber auch von den Studierenden, die wenig von Aristoteles wüßten, aber in Vergnügungen aufgingen und nur Sinn für Wein und gutes Essen hätten. Das sei überhaupt eine Eigentümlichkeit der Wiener Bevölkerung, wird behauptet. Täglich käme es zu Streitigkeiten und Schlägereien. Bald Handwerker gegen Studenten, bald Hofleute gegen Handwerker. Es ist anzunehmen, daß sich Regiomontanus an einem solchen Studentenleben nicht beteiligte und mehr zurückgezogen lebte, weil ihn seine Studien vollkommen beanspruchten. Aeneas Silvius erwähnte auch, daß an der Universität zu viel Wert auf die Dialektik gelegt werde. Um Musik und Rhetorik kümmere man sich nicht, und noch weniger um Arithmetik [81, S. 299 f.].

Bessarion, der auch den Kaiser für einen Krieg gegen die Türken gewinnen wollte, nutzte seine Wartezeit, um Verbindungen zur Universität anzuknüpfen. Er fand die Verhältnisse etwas anders vor, als sie Aeneas Silvius beschrieben hatte. So lernte er Georg Peuerbach und Regiomontanus kennen, zwei Magister, deren fortschrittlicher Geist ihn beeindruckte.

Abb. 13: Kardinal Bessarion (1403 - 1472). Sammler antiker Schriften. Holzschnitt 16. Jahrh.

Der Auszug aus dem Almagest

Der in Ägypten geborene Grieche Claudius Ptolemaios wirkte von 127 bis 141 in Alexandria (gest. nach 161 n. Chr.). Sein herausragendes Wissen faßte er, aufbauend auf die Ergebnisse der Vorzeit und auf die Arbeiten seines großen Vorgängers Hipparch, in dem *Handbuch der Sternkunde* zusammen, das über 1400 Jahre der astronomischen Wissenschaft als unübertreffliche Quelle diente. Das *Handbuch* besteht aus 13 Büchern. Gleich im 1. Buch legte Ptolemaios dar, daß der Himmel kugelförmig sei und sich wie eine Kugel drehe. Die Erde als Ganzes sei ebenso kugelförmig und Mitte des Weltalls. Im Verhältnis zum Sternhimmel sei die Erde punktförmig und zeige keine Bewegung [122, S. 32]. *Damit hatten sich in der Bewegungslehre die beiden Prinzipien, daß die Erde ruhend im Zentrum der rotierenden Fixsternsphäre verharrt und die Wandelsterne sich um die Erde mit gleichförmiger Geschwindigkeit in Kreisen bewegen, durchgesetzt.* Das geozentrische Weltbild blieb in den folgenden Jahrhunderten unangetastet. Immerhin stand hinter dieser Theorie die Autorität des Alexandriners und die Zustimmung der Kirche. Die *Syntaxis* des Ptolemaios war Höhepunkt der griechischen Sternkunde. Was danach an astronomischen Arbeiten folgte, war nur noch ein Kommentieren oder Erläutern des großen Werkes [4, S. 39 ff.].

Unter dem Kalifen Almamon (827) wurde die *Syntaxis* ins Arabische übersetzt. Die Araber gaben ihr den Titel *Almagest* (= Das große Werk). Etwa 350 Jahre später übersetzte Gherardo da Cremona (1114 - 1187) den *Almagest* des Ptolemaios aus der arabischen in die lateinische Sprache. Johann von Halifax, Sacrobosco genannt, gab um 1250 das Lehrbuch *Sphaera mundi* heraus. Es enthielt nur einen unvollständigen Auszug aus dem *Almagest* und aus Arbeiten arabischer Autoren [100, S. E VII f.]. Schließlich übersetzte der Grieche Georg von Trapezunt (1396 - 1484) die griechische Fassung des *Almagest* und schrieb dazu, obwohl astronomischer Laie, eine Erläuterung. Trapezunts Arbeit, auf Wunsch des Papstes Nikolaus V. in der kurzen Zeit von März bis Dezember 1451 ausgeführt, war mit solchen Mängeln behaftet, daß die Übersetzung kaum brauchbar war [126, S. 62].

Kardinal Bessarion erkannte die Fehlerhaftigkeit der Arbeit seines Landsmannes aus Trapezunt. Er war froh, in Peuerbach und Regiomontanus Humanisten und Astronomen zu finden, die befähigt waren, eine solche wichtige Arbeit besser auszuführen. Bessarion richtete daher an Peuerbach das Angebot, ihn nach Italien zu begleiten und dort das Handbuch des Ptolemaios zu überarbeiten. Peuerbach stimmte unter der Bedingung zu, daß ihn sein junger Mitarbeiter, der Magister Johannes Molitoris, begleite. Da sich die Verhandlungen des Kardinals in Wien verzögerten, nutzten die beiden Astronomen die Wartezeit. Regiomontanus schrieb Bücher ab, die für die neue Aufgabe nützlich sein konnten. Peuerbach begann mit der Arbeit am *Almagest.*

Peuerbach hatte die ersten sechs Bücher des *Almagest* beinahe beendet, als er am 8. April 1461 verstarb. Vorher hatte er seinen Freund Regiomontanus gebeten, mit dem Kardinal nach Rom zu gehen und den *Auszug* fertigzustellen. *Johannes de Regiomonte* folgte dem Kirchenfürsten nach Italien, als Bessarion, dessen Wiener Mission gescheitert war, im September 1461 die Donaustadt verließ und über die Alpen nach Süden reiste. Am 20. November 1461 trafen Bessarion und Regiomontanus in Rom ein [81, S. 302 f.].

Der Grieche Bessarion hatte nach seiner Umsiedlung 1443 in Rom als Titelkirche die Zwölfapostelkirche erhalten. Dort sollte auch seine Wohnung sein. Aber alles war eng und verwahrlost. Obwohl Bessarion keinen großen Hof hielt, stellte sich die Behausung schon bald als völlig ungenügend heraus. Kaum, daß er seine wenigen Familiaren unterbringen konnte. Aber nebenan in der damaligen Via Ergatica am Fuße des Quirinals fanden sich fünf kleine Häuser, die abbruchreif waren. An dieser Stelle baute sich der Kardinal eine Kurie, die ihm als Wohnung diente [81, S. 249]. Auch weiter draußen an der Via San Sebastiano ließ sich Bessarion ein Haus für den Sommeraufenthalt errichten. Diese Villa ist heute noch zu sehen. Die Einrichtung erinnert nach wie vor an die griechische Heimat des Bauherrn, der die Räume mit Heiligenfiguren und Malereien ausstatten ließ. Hier also lebte und arbeitete Regiomontanus als *Hausgenosse* des Kardinals, wenn Bessarion in Rom residierte.

Es galt, den Auszug aus dem *Almagest* baldmöglichst zu vollenden. Peuerbach hatte in den ersten Büchern unwesentlich erscheinendes weggelassen und eine Reihe kurzer Lehrsätze mit Begründungen hinzugefügt, um damit die Leser leichter in die sphärische Astronomie einzuführen. Von der Ergänzung der Arbeit Peuerbachs abgesehen, machte sich Regiomontanus mit großer Gewissenhaftigkeit an die Überarbeitung der nächsten Bücher. Er nahm dabei nicht immer die Ausführungen des Ptolemaios kritiklos hin. Regiomontanus verwies auf manche Unsicherheiten, die bei der Beobachtung des Sternhimmels in früherer Zeit aufgetreten sind und den jetzigen Ansichten widersprechen: *Mag die Ungenauigkeit der Geräte diese Unterschiede ver-*

ursacht haben, mag die Natur den Sternen eine unbekannte Bewegung zugeteilt haben, sehr schwierig ist es und wird es sein, die Größe dieser Bewegung ... zu bestimmen. Aber wenn wir den Sternen eine unbekannte Bewegung zuschreiben, so ist es nötig, die Sterne beharrlich im Auge zu behalten und die Nachwelt von der Überlieferung zu befreien [126, S. 59 ff.].

Dem Königsberger Magister wurde sehr bald bewußt, daß sich bei den zahlreichen Übersetzungen der *Syntaxis* nicht nur Fehler eingeschlichen hatten. Es gab auch eine arabische und eine lateinische Version. Damit waren gewisse Veränderungen des griechischen Urtextes verbunden. Es kam Regiomontanus zugute, daß er bereits in Wien griechisch gelernt hatte und seine Sprachkenntnisse in Italien in der Wohngemeinschaft mit dem Griechen Bessarion vervollständigte. Er war soweit, daß er das griechische Neue Testament mit besonderer Sorgfalt abschrieb. Er konnte somit bei der Bearbeitung des *Almagest* auf die griechische Erstquelle zurückgreifen [100, S. VII]. Ansonsten besaß er die lateinischen Übersetzungen von Gherardo da Cremona und von Georg von Trapezunt, wobei er wegen der Mängel bei Trapezunt das Werk Cremonas bevorzugte [126, S. 62, 67, 199].

Bei der Bearbeitung fiel ihm auf, daß sich Ptolemaios in manchen Berechnungen geirrt haben müßte: *Was soll ich über die Größe der Bewegung der 8. Sphäre reden, die unser berühmter Ptolemaios zu 1° in 100 Jahren bestimmte, al-Battani aber 743 Jahre später zu 1° in fast 66 Jahren fand?* An anderer Stelle schreibt Regiomontanus, daß er die Venus am Himmel verzögert gesehen habe gegenüber den Angaben in den Tafeln des Ptolemaios: *Im Falle der Gültigkeit der Ptolemaischen Lehre müsse sich ihre scheinbare Größe im Verhältnis 1:45 ändern, was niemals beobachtet worden sei.* Regiomontanus bezweifelte auch die Tafelangaben über den Merkur. *Schließlich weiche der Mond so sehr und so häufig von der Rechnung ab, daß sogar das Volk dieses göttliche Studium der Sterne mit beißendem Witz verhöhnt. - Wenn der Mond sich wirklich in einer excentrischen und epizyklischen Bahn bewegt, so müßte er gelegentlich viermal so groß als sonst erscheinen* [126, S. 78 f.].

Durch solche und andere geäußerten Zweifel, die kundzutun ein außergewöhnlich hohes Fachwissen voraussetzte, wurde erreicht, daß die bis dahin unantastbare Autorität des Ptolemaios kritischer gesehen wurde, was zu neuen Forschungen ermutigte. Copernicus, der die *Epytoma Joanis de monte regio In almagesti ptolomei* in der Druckausgabe von 1496 kaufte, wurde von den Hinweisen auf Mängel der herrschenden Lehre nachhaltig beeindruckt. Der Auszug, *die Epitome*, war 1462 fertiggestellt. Damit war ein neues *Handbuch der Sternkunde* geschaffen, das der kommenden Gelehrtengeneration als Lehrbuch diente [126, S. 59 ff.].

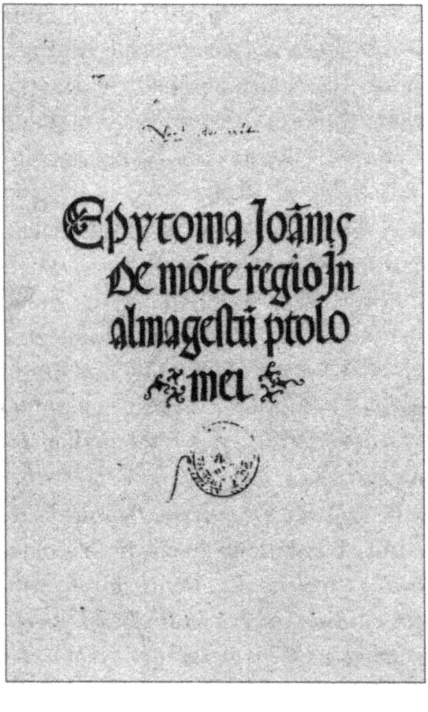

Abb. 14: Titelseite der Epitoma (Auszug). Druck in Venedig 1496

Die Dreieckslehre

Sogleich nach Fertigstellung der *Epitome* begann Regiomontanus noch 1462 mit der Arbeit an seiner Dreieckslehre, die Johannes Schöner 1533 in Nürnberg drucken ließ. Die Dreieckslehre umfaßt fünf Bücher. In den ersten zwei Büchern behandelte er die ebene, in den anderen Büchern die sphärische Trigonometrie. In beiden Büchern über die ebenen Dreiecke stellte er im wesentlichen die Berechnung der Seiten und Winkel im rechtwinkligen Dreieck mit Hilfe von Sinustafeln dar. In der Widmung wies Regiomontanus darauf hin, daß diese Sinustafeln *sein besonderes Werk* seien. Sie waren berechnet für den *sinus* 90° = 6 000 000 für jede Bogenminute. Die Sekunden konnten durch eine Hilfstafel ermittelt werden. Mittelpunkt der Lehre über das ebene Dreieck ist der Sinussatz und seine Anwendung, und erstmals findet sich die trigonometrische Formel für den Inhalt der Dreiecksfläche [57, S. 374].

In den Büchern über das sphärische Dreieck kommt der Sinussatz mit zwei weiteren Sätzen, die nur für das rechtwinklige Dreieck gelten, vor; weiter der Satz, *daß die drei Winkel sich aus den drei Seiten und umgekehrt berechnen lassen*. Auf diesen Sätzen wird die Dreieckslehre aufgebaut. Im fünften Buch, das nicht vollendet wurde, erscheint schließlich, neben dem *sinus versus*, erstmals der Cosinussatz der sphärischen Dreieckslehre in einer Formulierung, die der modernen Schreibweise fast entspricht [126, S. 63 f.].

F. Becker schreibt den Cosinussatz dem arabischen Gelehrten al-Battani (†929) zu. Zinner hat diese Frage geprüft mit dem Ergebnis, daß Regiomontanus möglicherweise beim Lesen der Sternkunde al-Battanis auf den Cosinussatz gekommen sei. Al-Battani habe zwar die Berechnung des Azimutwinkels der Sonne bei bekannter Polhöhe und Deklination und Höhe der Sonne in einer Form durchgeführt, die dem Cosinussatz entsprechen würde. *Jedoch lag eine solche Betrachtung dem al-Battani fern. Dagegen*

IOANNIS REGIO-
MONTANI MATHEMATICI PRAE-
STANTISSIMI DE TRIANGVLIS PLANIS ET SPHAERI-
cis libri quinque, unà cum tabulis ſinuum, in quibus tota ip
ſorum triangulorum ſcientia ex primis fundamen-
tis Geometricarum ἀποδείξεων abſolutiſsimè
extructa continetur.

---

lis, diuidendo ſcilicet latera per æqualia, aut angulos &c. verùm diametrum circuli circumſcripti aut inſcripti inueſtigare, alia requirit media. Dupliciter nanque poteſt inueniri diameter circuli circumſcripti, aut ſcilicet per tres chordas notas, aut per arcus ipſos & ſcientiam triangulorum ſphęraliũ de inſcriptione non ſic: nam quicunq; circulus circumſcribit ſphæricum triangulum, is etiam rectilineum circumſcribit, ex tribus chordis trium arcuum conſtantem, quod inſcripto circulo non accidit. Triangulo a b c ſphæralo circumſcriptus eſto a b c circulus, cuius ſemidiametrum quærimus per rationem arcuum. Sit a d arcus perpendicularis ad b c, b c per medium diuidatur in f puncto, vnde exeat perpendicularis f e, in quo neceſſe eſt eſſe polum circuli circumſcripti. diuidatur item a c per medium in g, eductusq; perpendicularis occurrat arcui f e in h, qui erit polus circuli circumſcripti. ex tribus autem datis lateribus angulum c habebis, & deinde propter f c notum perpendicularis quoq; f e cum angulo f e c innoteſcet &, cum arcu e c, hinc e g notificabitur, & deinde propter angulum e notum arcus g h pateſiet. cumq; & g c notus ſit, erit etiam h c notus, qui inter polum & cuſpidem anguli c, id eſt circumferentiam circuli circumſcripti comprehenditur.

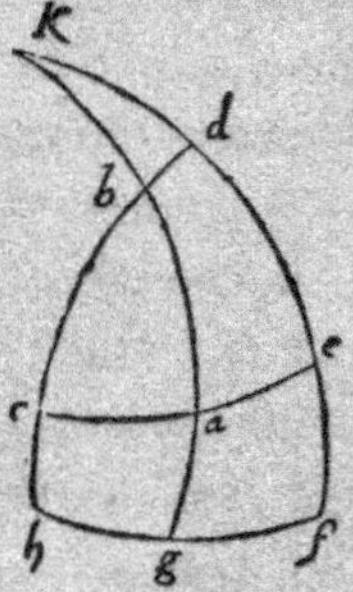

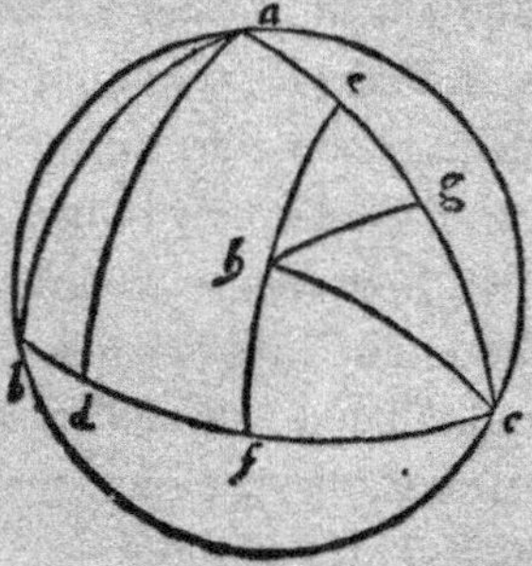

FINIS.

Abb. 15: Titel und Schluß der Dreieckslehre

beschäftigte sich Regiomontanus in seinen Anmerkungen (zu al-Battanis Sternkunde) *eingehend mit diesem Fall und kam vermutlich dadurch auf den Cosinussatz, dessen große Bedeutung für alle sphärischen Dreiecke er sogleich erkannte, so daß er ihn im fünften Buch seiner Dreieckslehre verwendete* [126, S. 66]. Auch Kaunzner teilt die Auffassung, daß der sphärische Cosinussatz bis dahin nur unklar überliefert worden war und Regiomontanus ihn demnach aus eigener Überlegung fand. Zinner vertritt zudem die Meinung, daß auch der Sinussatz des ebenen Dreiecks auf Regiomontanus zurückgeht, weil ihm zu dieser Zeit die Schrift des Levis ben Gerson, aus der er den Sinussatz hätte entnehmen können, noch nicht zur Verfügung stand [126, S. 65 f.].

In seiner Dreieckslehre beginnt Regiomontanus, Aufgaben algebraisch zu behandeln. Er zeichnete Gleichungen in symbolischer Algebra auf und wird später *die deutsche Coß* einleiten, das ist die Zeit nach etwa 1460 bis 1550, in der die Verkürzung des äußeren Rechenganges und eine ausgeprägte Potenzrechnung aufkam und der Mathematik ungeahnte Möglichkeiten eröffneten. So hat Regiomontanus beispielsweise versucht, die philosophisch-mathematische Überlegung des Nikolaus von Cues über *die Quadratur des Kreises* algebraisch anzugehen. Er kam allerdings auf ein Ergebnis, das nicht befriedigte [57, S. 374, 377, 379].

Die Algebra, ebenfalls zurückgehend auf arabische Quellen, war erst am Anfang ihrer Entwicklung. Sie stand bei manchen noch im Geruch einer Geheimwissenschaft. Bei den Druckwerken wurde die algebraische Symbolik einfach weggelassen. Regiomontanus notierte dazu: *Obwohl es nun gut zu Ende gebracht ist, der Rechengang ist dennoch fast niemandem geläufig. Sehr wenige nämlich haben die Kunst rei et census, die man mit arabischem Namen Algebra nennt, hinreichend kennengelernt. Deshalb glaubte ich, sie durch offenere Darlegung zu fördern.* Kaunzner bedauert, daß bei den bis jetzt bekannten Werken bei Regiomontanus so wenig Algebraisches zu finden sei, das Wenige jedoch, wie er betont, in einer Form, die erst 100 Jahre später erreicht worden ist [58, S. 137].

Regiomontanus hat in seiner Widmung zur Dreieckslehre nicht behauptet, daß er die Lehrsätze selbst gefunden habe. Zweifellos verwendete er Wissen vor allem aus dem arabischen Schrifttum, so wie er sich wie kein anderer für die endgültige Übernahme und die Vereinheitlichung der Formen der indisch-arabischen Zahlzeichen einsetzte. Auch war er *Wegbereiter für die dezimale Positionsschreibweise, als er in seinen trigonometrischen Tafeln für Sinus- und Tangenswerte von der sexagesimalen Schreibart abließ und für die Radien Potenzen von 10 wählte; bezogen hierauf erschienen die Tafelwerte jeweils ganzzahlig. Allgemein läßt sich sagen, daß seine umfassenden Zahlrechnungen und seine vielstelligen Tabellenwerte bereits in der Tradition stehen, wie sie sich erst in den großen Tafelwerken eineinhalb Jahrhundert später voll äußert.* Damit war Regiomontanus seiner Zeit weit voraus [57, S. 375 f.].

Die Dreieckslehre mit dem Titel *De triangulis omnimodis libri quinque* widmete Regiomontanus dem Kardinal Bessarion, *dessen kleiner Angestellter (clientulus) er sei.* In der Widmung gab er weiter an, daß das Werk als Grundlage für alle Berechnungen in der Geometrie und Sternkunde, zur Berechnung der täglichen Himmelserscheinungen, der Finsternisse und der Planetenbewegungen, auch der Größe und Entfernung der Kometen, dienen könne. Zinner stellt mit Respekt fest, daß alle diese Berechnungen sich tatsächlich mit Hilfe der Dreieckslehre ausführen ließen. A. v. Braunmühl schreibt in einem 1897 in Halle erschienen Aufsatz: *Unter dem Einflusse seines Werkes steht daher die ganze spätere Entwicklung der Trigonometrie des Abendlandes* [126, S. 64 f.].

Der Briefverkehr

Überall, wo sich Bessarion aufhielt, versammelten sich um ihn Humanisten, Platoniker wie Anhänger der Lehren des Aristoteles. Ein besonders gelehrter Kreis hatte sich in Rom zusammengefunden. Im Hause des Kardinals entstand die *Akademie Bessarion*, von der manche Anregung ausging und deren Ausstrahlung allgemein bewundert wurde. Hier wurde echte Wissenschaftsarbeit betrieben. Die gefeiertsten Humanisten konnte man bei Bessarion antreffen, wie etwa Flavio Biondo, Poggio, Lorenzo Valla, Campano, Perotti, Platina usw. Auch der Humanistenkardinal Nikolaus von Cues war Gast und Freund Bessarions. Alle waren im *Salon* Bessarions willkommen: Lateiner und Griechen, Gläubige und Skeptiker, Theologen und Humanisten, Laien und Geistliche. In der *Akademie* gab es nur eine Regel: Der freie Meinungsaustausch mußte von jedem toleriert werden. Ein Zeitgenosse verglich Bessarions Akademie mit der pythagoreischen Schule. Es war eine Auszeichnung, ihr anzugehören [81, S. 252, 283, 326, 335].

Georg von Trapezunt, zunächst als tüchtiger Gelehrter bekannt, verkehrte in der Anfangszeit der *Akademie* ebenfalls im Hause Bessarions. Der Kardinal verschaffte ihm Aufträge zur Übersetzung griechischer Schriften ins Lateinische. Aber bald kam zutage, daß Trapezunt nur *liederliche* Übersetzungen griechischer Schriftsteller lieferte. Bessarion sah sich genötigt, den Papst darauf aufmerksam zu machen, worauf Nikolaus V. (1447 - 1455) die Trapezuntsche Bearbeitung von Platons *Gesetzen* zurückwies [81, S. 252, 265, 326].

In der *Akademie* wurden die Arbeiten des Trapezunt heftig kritisiert. Theodoros Gazes, ein zum engeren Kreis Bessarions gehörender Geistlicher mit einer Pfarrei in Kalabrien, griff Trapezunt wegen der fehlerhaften Übersetzung der *Syntaxis* des Ptolemaios scharf an. Die Oberflächlichkeit dieser Arbeit brachte Trapezunt die Ungnade des Papstes ein. Nikolaus V. war so verärgert, daß er den zänkischen und streitsüchtigen Gelehrten im Frühjahr 1452 für einige Zeit aus Rom verbannte. Als Trapezunt 1453/54 wiederkam, richtete sich sein Haß gegen Bessarion [81, S. 327].

Abb. 16: Georg von Trapezunt (1396 - 1484)

In jungen Jahren war Bessarion eher dem Philosophen Aristoteles zugeneigt. Dessen theologischen Überlegungen konnte der Kirchenmann aber letztlich nicht folgen. Nach Aristoteles würde *die Erde ewig bestehen. Gott sei weder ihre Ursache noch ihr Schöpfer, sondern nur ihr Beweger. Ferner leugne Aristoteles eine ihrer selbstbewußte göttliche Vernunft. Gott habe als Zweck nur die Bewegung. Ebensowenig gebe es bei ihm eine göttliche Vorsehung. Die Welt falle dem Zufall anheim; sie sei ein Geschehen ohne Ursache.* Der Philosoph Platon dagegen stellt uneingeschränkt fest: *Gott ist der Schöpfer aller Dinge.* Der "Heide" Aristoteles stand damit im krassen Widerspruch zur christlichen Lehre. Nachdem er die Schriften beider Philosophen sehr eingehend studiert hatte, wurde Bessarion ein überzeugter Platoniker [81, S. 333, 351].

Das war genau der Punkt, an dem Trapezunt den Kardinal treffen konnte. In der 1455 erschienenen Streitschrift *Comparationes philosophorum Aristotelis et Platonis* griff Trapezunt Platons Werke fanatisch an. Die Veröffentlichung ließ zwar wissenschaftliche Sachlichkeit vermissen, fand aber dennoch zahlreiche Anhänger. Bessarion, der einzige dazu befähigte Humanist, konnte es nicht hinnehmen, daß Aristoteles als alleinberechtigter Philosoph Geltung bekommen sollte. Er machte sich sofort daran, eine Gegenschrift zu verfassen. Bessarion schrieb, *um Platon zu retten.* Es sollte eigentlich eine Abwehrschrift gegen Trapezunt werden. Die vier Bücher Bessarions *In Calumniatorem Platonis* wurden viel mehr. Es wurde das erste Werk über Platon, über sein Leben, seine Weltanschauung und seine schriftstellerische Tätigkeit, geistreich geschrieben, so daß die gegnerische Attacke wegen der Fülle des vorliegenden Stoffes wirkungslos blieb. Die Wiederbelebung des Platonstudiums im Abendland ist Bessarions Werk zu verdanken [81, S. 350, 352, 358 ff.].

Der Gelehrtenstreit war zwar nicht beendet, als Regiomontanus 1461 nach Rom kam. Aber der Streit zeigte sich nur noch als Schwelbrand, der an der Oberfläche kaum bemerkt wurde. Wenn auch eine persönliche Bekanntschaft Regiomontans mit Georg von Trapezunt unwahrscheinlich war, so ergab es sich durch die Mitarbeit in der *Akademie Bessarion* zwangsläufig, daß der Königsberger Magister in die Spannungen mit einbezogen wurde. Aber Regiomontanus vertiefte sich zunächst in seine Aufgaben. In der *Akademie* regte er an, die Frage, ob das Osterfest astronomisch richtig berechnet sei, zu diskutieren [81, S. 334]. Diese Erörterung spielte möglicherweise später bei der Entscheidung, ihn nach Rom zur Kalenderreform zu rufen, eine gewisse Rolle. Nach Fertigstellung der *Epitome* und der Dreieckslehre beschrieb er das *Meteoroskop.* Vielleicht hat er ein solches Gerät auch angefertigt. Dann hatte Regiomontanus den Auftrag, Abschriften bekannter Werke für Bessarions Bibliothek anzufertigen. Er war ein äußerst fleißiger Abschreiber. Das hatte sich schon in Wien gezeigt. Regiomontanus bemühte sich auch, wertvolle wissenschaftliche Handschriften aufzuspüren und hatte 1463 das Glück, sechs Bücher der Arithmetik Diophants zu finden, als er sich von 1463 - 64 in Venedig aufhielt [126, S. 58 f.].

Da Regiomontanus dem Gefolge Bessarions angehörte, mußte er den Kirchenfürsten auf allen Reisen begleiten. Es blieb dennoch Zeit, mit maßgebenden Wissenschaftlern Italiens zu korrespondieren und in einen Gedankenaustausch zu treten. Erhalten geblieben sind allerdings nur einige Briefe, die Maximilian Curtze 1902 herausgegeben hat.

Es ginge weit über den Rahmen dieser Arbeit hinaus, wenn der Briefwechsel hier in allen Einzelheiten ausgewertet werden würde. Die wichtigsten darin enthaltenen Rechnungen haben nach Zinner in neuerer Zeit insbesondere Wolfgang Kaunzner [58, S. 125 ff.] und Menso Folkerts [20, S. 175 ff.] behandelt. Ausführlich analysiert wurden die Briefe im Hinblick auf trigonometrisch-astronomische Themen durch Armin Gerl [27, S. 325 ff.], der vor allem den Briefverkehr mit Bianchini untersuchte. Die Briefe beginnen meistens mit einer persönlichen Einleitung, worauf sich mathematisch-astronomische Aufgaben anschließen mit der Bitte, diese zu lösen. Bianchini: *Ich stelle die Probe, damit Ihr mich auf die Probe stellt* [12, S. 209]!

Rechnungsaufgaben und Lösungsrechnungen geben einen Überblick über den Stand der vorcopernicanischen Astronomie. Gerl hat daher umfangreiche Recherchen durchgeführt und eröffnet damit neue Einblicke in die Denk- und Arbeitsweisen der beiden Astronomen [27, S. 326].

Was zu veröffentlichen bliebe, ist der einleitende Teil eines jeden Briefes, der auch auf persönliche Dinge eingeht, bevor man sich den fachlichen Themen zuwendet.

Im Rahmen dieser Ausgabe ist es aber nur möglich, auf die Briefe hinzuweisen und einige Absätze daraus zu zitieren, um die Schreibweise und manche sprachlich schöne Formulierung Regiomontans kennenzulernen.

Die wissenschaftliche Forschung wird auf den lateinischen Text bei Curtze verwiesen.

Abb. 17: Rom - Mittelpunkt der Welt (St. Peter)

I.

Regiomontan an Giovanni Bianchini

Ad Io. Blanchinum Ferrariensem

Du wirst Dich wohl nicht wundern, bester Mann, wenn ich später, als es nötig gewesen wäre, auf Deine Frage antworte. Was diese Verzögerung hervorgerufen hat, will ich zuerst mit wenigen Worten darlegen, hernach aber werde ich versuchen, Dein schönes und subtiles Problem zu lösen. Dem Magister Christophorus (aus Brescia), *dem Herold und eifrigen Lobredner Deiner Verdienste, begegne ich zufällig eines Tages in Rom, als ich nach Hause gehen wollte. Als er mich sah, begrüßt er mich und übergibt mir Deine Frage in einer kurzen Aufzeichnung. - Ich lese sie und verspreche zu antworten, wenngleich sie eine gewaltige Schwierigkeit erkennen läßt. Denn wer könnte einer solchen Meisterfrage Genüge tun, ohne daß er einen großen Teil der Astronomie durchliefe? Ich trenne mich also vom Magister Christophorus, und, nach Hause gekommen, verlege ich mich alsbald auf die astronomischen Berechnungen, um Deinen ebenso feinen wie verwickelten Knoten zu lösen. Gottseidank kommt mir dabei nichts unter, womit ich mich nicht schon vorher zehnmal oder mehr befaßt hätte. Nachdem ich daher die Antwort überlegt hatte, blieb nur übrig, daß ich auch einen Brief über dieses Thema an Dich schrieb. Doch durch die hereinbrechende Nacht werde ich daran gehindert. Am folgenden Tag also begleite ich gewohnheitsgemäß meinen hochverehrten Herrn* (= Kardinal Bessarion) *zusammen mit seinen werten Kaplänen zum Palast des Papstes, und während ich dort, wie gewohnt, warte, wird mein Herr unverhofft zum Legaten in Venedig ernannt. Ich glaubte daher, da ich ja mit meinem Herrn nach Venedig gehen mußte, ich würde nach Ferrara kommen und Dir nicht nur brieflich, sondern mündlich antworten können. Während der Reise* (von Rom nach Venedig) *drang ein Gerücht zu uns, die Pest sei in der Stadt ausgebrochen, weshalb mein hochverehrter Herr beschloß, nicht dorthin* (nach Ferrara) *zu gehen. Demnach sollst Du aus Venedig, das mich nun beherbergt, eine Antwort erhalten. - Und damit Du Stoff hast, an mich zu schreiben, lege ich Dir mit aller Ehrerbietung einige Probleme und Fragen vor, auf die Du mir irgendeine Antwort zu geben belieben mögest. ... Alle Fragen sprechen von Fixsternen und ihren Bahnen. Sobald ich aber Deine Zeilen vor Augen habe, werden wir über andere neue und schon oben erwähnte Probleme diskutieren. Dies reicht für den Augenblick. Ich habe nämlich noch viel anderes über eben diese Fixsternbahnen, das ich, wenn Du willst, später übermittle, damit nicht mein erster Brief bei Dir Abneigung hervorruft. - Mach, daß Du mir bald schreibst. Dem Herrn Magister Petrus Buono* (Avogario aus Ferrara) *möchte ich untertänigst empfohlen sein. Bleibe glücklich und gesund, meiner eingedenk! Aus St. Georg in Venedig am 27. Juli 62. In allem der Deine Ioannes Germanus, des erlauchten Herrn Kardinals und Legaten Vertrauter (familiaris).*

II.

Giovanni Bianchini an Regiomontan

Als diese Tage vorbei waren, wurde mir Euer Brief gebracht, den ich ganz gewiß als hochwillkommen empfand, sowohl wegen Eurer sorgfältigen und richtigen Präzisierung, wie auch, was ich gerade durch ihn begreife. ... Wenn meine Antwort auf Ihren Brief sich verzögert hat, so bitte ich um Verzeihung. Denn vom Juni an habe ich mich mit meiner ganzen Familie hierher auf meine Besitzungen begeben, um die Gefahr der Pest zu vermeiden. - Dennoch hoffe ich, zu anderer Zeit und oft mit Euch zu konferieren. Und es wird Euch nicht lästig sein, Eure Zweifel mir klar zu machen; denn es ist nicht nur nützlich, sondern notwendig, die Fixsterne zu lokalisieren, und ich bin mir klar, daß ich diese Tätigkeit am hiesigen Ort persönlich vernachlässige. Ihr werdet aber die Entscheidungen auf Eure Fragen und die Beweise sehen, die ich angefügt habe aufgrund der Regeln und meiner Tafeln "de primo mobili". - Damit Ihr die Leichtigkeit und die Kürze der Berechnung mit meinen Tafeln prüfen könnt, schicke ich Euch eine Rechnung der Reihe und Ordnung nach diesem Brief beigeschlossen, durch die alle meine Schlüsse und Antworten auf Eure Fragen ersichtlich gemacht wurden, eigenhändig geschrieben. Und wenn sie schlecht geschrieben ist, weil ich ein schlechter Schreiber bin und ein noch schlechterer Berichterstatter, so bitte ich, haltet mich für entschuldigt, weil ich niemals einen Lehrer gehabt habe, und nie in Schulen war, sondern nur mein Umgang mit meinen illustren Herren Herzögen aus dem Hause Este bestand und es bis heute ist. Und alles, was ich bin, immer bin ich bereit für die Aufträge ... unseres gemeinsamen Herrn, des Kardinals und Legaten ... Nicenus, und auch für Eure Aufträge bin ich bereit. Leb wohl! Aus Fossanova Santi Gilli am 21. November 1463. Io. Blanchinis

III.
Regiomontan an Giovanni Bianchini

Io. Germanus ad Ioannem de Blanchinis

Ich bin Euch ungeheuer dankbar, daß Ihr meinen Brief so freundlich aufgenommen habt. - Mein Wille muß vom Befehl meines hochverehrten Herrn abhängen, dem ich dienen muß. So kommt es, daß ich weniger nach Belieben den Studien nachgehen, noch irgendwelche Bücher kopieren kann. - Fahrt daher fort, wie Ihr es unternommen habt, Eurerseits Euren Schüler ins Herz zu schließen, der sich gar sehr bemühen wird, Euch gegenüber ganz gutes Betragen an den Tag zu legen, dessen Scherze Ihr schließlich, wenn ich mich nicht täusche, nicht ungern ertragen werdet, wenn Ihr die Lauterkeit seines Herzens erkannt habt. - Wenn nun die Tafel, die ich in Bearbeitung habe, fertig ist, dann kann mit Leichtigkeit alles, was sich "ad primum mobile" bezieht, und noch vieles andere entwickelt werden, ohne Multiplikation und Division der Zahlen wie auch ohne das Zeichen von Sinuskurven und umgekehrt. ... Durch diese Tafel werde ich, wenn ich die Richtigkeit auch nur mittelmäßig gesteigert habe, wie mir scheint, außerordentlich berühmt werden, weil die Sache nachgerade neu und bisher unbearbeitet ist. - Ich habe mich aber entschlossen, nichts von dem, was in der Epitome überliefert ist, in den Problemen dieser Art zu wiederholen. Denn um die Probleme zu erfassen, ist die vorherige Kenntnis der Epitome nötig. - Weiter oben versprach ich, die Themen meines zweiten Buches, die sich auf meine Tafel beziehen, in Kürze zu streifen, was ich nun der Reihe nach erledigen will.

Es folgen 40 Punkte.

Aber wohin eilt meine lästige und kühne Feder? Will sie etwa alle Fragen der Astronomen auf diese eine Tafel bannen? Ich behaupte, daß ein Großteil der Fragen dieser Art mittels dieser Fragen gelöst werden kann, wenn wir vorher für die ganze konzentrische Astronomie den Grund gelegt haben. Was dann? Die Widersprüche in der Planetenbewegung durch die Konzentriker zu bereinigen, wird schön sein. Schon haben wir der Sonne und dem Mond ihre Bahnen zugewiesen, über die restlichen sind aber schon gewisse Anfänge gesetzt, durch die, sobald sie vervollständigt sind, die Gleichstellung aller Planeten mittels dieser Tafel berechnet werden kann. Wenn ich etwas von diesen Dingen kühner als sich gebührt gesagt zu haben scheine, so werdet Ihr in meinem späteren Brief umso reichlicher meine kühlen Berechnungen erfahren. Dennoch wollte ich lieber mündlich statt schriftlich über diese Dinge diskutieren. Denn es würde viel leichter und schneller sein. Da dies aber nicht geschehen kann, möge der Brief die Aufgabe der Stimme übernehmen. ...

Unterschrift und Datum fehlen

IV.
Bianchini an Regiomontan

Aus Ferrara 1464 am 5. Februar. Die Antworten auf Eure Fragen sind folgende (es folgen acht Antworten). *Und damit Eure Ehrerbietung es sehen kann, spreche ich mit Euch freundschaftlich und vertraulich, und das deshalb, weil ich will, daß Ihr mit mir in ähnlicher Weise verfahrt. - Was nun die Regel der Algebra anbelangt, in denen Ihr, soweit ich es verstehe, hochgelehrt seid, so habe ich mich zwar in meiner Jugend, als ich die Rechenarbeit der Kaufleute machte, ein wenig damit beschäftigt, doch das möge für mich als Entschuldigung dienen. Ich weiß aber nicht, durch welchen Umstand ich so sehr an der astrologischen Wissenschaft Gefallen gefunden habe, und zwischen meinen Beschäftigungen, die ich aus der Kasse meiner hochverehrten Herren hatte, als Grund der Zuneigung und der geistigen Erholung in zeitlichen Abständen mich der Berechnung der Astrologie hingab, ... weshalb ich bestimmte Tafeln konstruiert habe, in denen ernsthaft eine leichte Berechnung zu finden ist. - Ich habe auch bestimmte Gesetze Eurer Tafeln zur Kenntnis genommen, die Ihr mir geschickt habt, die mir sehr gefallen haben, weil sie gut aufgestellt und nötig sind. - Ich wünsche aber begierig, diese (Abhandlungen) zu haben, weil ich in meiner gegenwärtigen Lage über die Dreiecke nicht viel gearbeitet habe, ich meine über die sphärischen Dreiecke, abgesehen davon, wieviel mir zum Beweis für die Entfernung der Sterne zu finden nötig schien, und weil ich nicht zweifle, daß diese von Eurer Hand verfaßte Abhandlung ernsthaft und inhaltsreich ist. Ich würde sie als sehr willkommen empfinden durch Bezahlen eines Preises für den Verfasser. - Aus Ferrara am 5. Februar 1464 um 3 Uhr nachts. Ganz der Eure Ioannes de Blanchinis An den verehrungswürdigen und hochgelehrten Herrn Ioannes Germanus, des hochverehrten Legaten etc.*

V.
Regiomontan an Giovanni Bianchini

Ioannes Germanus ad Ioannem de Blanchinis Ferrariensem

Ich erhielt am 11. dieses Monats Februar Euren sehnlichst erwarteten Brief. - Ihr werdet, wie ich hoffe, verzeihen, wenn ich Eure Antworten auf meine Fragen der Reihe nach hernehme. Denn ich werde das - so wahr Gott mich lieb hat - nicht etwa im Geiste eines Überheblichen oder Widerlegenden in dieser Sache tun, sondern, damit die Wahrheit selbst zu Tage kommt, werde ich versuchen, nach meinen Kräften bei den einzelnen Punkten eine zeitlang zu verweilen. - Hier sage ich Eurer Herrschaft, daß ich jetzt in Venedig Diophantos, einen griechischen Mathematiker, gefunden habe, der noch nicht ins Lateinische übersetzt ist. Es wurden nämlich nur sechs Bücher gefunden, die nun bei mir sind. Im Vorwort verspricht er aber, daß er dreizehn schreiben werde. Wenn dieses Buch, das wahrhaftig wunderschön und höchst schwierig ist, sich als vollständig erweisen sollte, dann möchte ich es ins Lateinische übersetzen, denn dafür würden meine Griechischkenntnisse ausreichen, die ich im Hause meines hochverehrten Herrn mir angeeignet habe, ... auf daß das lateinische

Schrifttum dieses neue und höchst wertvolle Buch nicht entbehren muß. Ihr habt in mir großes Verlangen geweckt, die "flores almagesti" zu Gesicht zu bekommen, die Ihr zusammengetragen habt, und Eure anderen Werke. - Es wird uns in dieser Sache nicht die Meinung derer verwirren, die fordern, es müsse (anders) vorgegangen werden, da sie, mögen sie auch in anderen Dingen höchst gelehrt sein, in dieser Sache doch von der Wahrheit abweichen. Die Liebe zur Wahrheit darf nicht vor dem Hunger nach Popularität zurückweichen. Schließlich vernachlässigt keiner, außer er wäre verrückt, einen ihm bekannten sicheren Weg und benützt den Weg, der ihm durch Nebel gezeigt wird. Aber ich weiß nicht, wohin meine Feder enteilt. Wenn ich sie nicht zurückhalte, wird das Papier ausgehen. Eins ums andere fällt mir ein, und mir kommen soviele schöne Probleme unter, daß ich unsicher bin, welche ich voransetzen soll. - Vieles, glaubt mir, und nochmals vieles habe ich bei mir, ... das teils mit Sicherheit gefunden ist, teils aber zweifelhaft und den Geist zu seiner Erforschung anspornt. - ... So muß ich die Beschränktheit der alltäglichen Astronomen unserer Zeit "bestaunen", die wie gutgläubige Weiber, was auch immer sie, sei es an Tafeln, sei es an Regeln in den Büchern antreffen, gleichsam als etwas Göttliches und Unabänderliches akzeptieren. Sie glauben den Verfassern und mißachten die Wahrheit. Von solchen Dingen werde ich oft gequält und gezwungen, die Langsamkeit (Laschheit) und Gleichgültigkeit (Kälte) unserer Zeit zu beklagen. Dabei gibt es Stoff in Hülle und Fülle für die, die guten Willens sind, heute zu forschen. - Mein hochverehrter Herr wird nach Griechenland gehen für die Sache der christlichen Religion, ich aber werde entsprechend seiner Anordnung in Italien zurückbleiben. Mögen jene gehen, um die Türken zu vernichten. Ich werde mit Eurer und meiner übrigen Freunde Unterstützung versuchen, die Himmelsvorgänge zurechtzurücken. Mögen jene den Frieden in den irdischen Dingen schaffen, wir werden dafür sorgen, daß der Rost von den himmlischen Bahnen abgewischt wird. - Nun lebt wohl und hört nicht auf, wie Ihr angefangen habt, mich zu lieben. Ganz Euer Ioannes Germanus

Mit diesem Brief endet die bisher aufgefundene Korrespondenz mit Giovanni Bianchini, dem Hofastronomen des Herzogs von Ferrara. Ob weitere Briefe geschrieben wurden, ist nicht bekannt. Zinner geht davon aus, daß mit dem letzten Brief Regiomontans Bianchini die Verbindung abgebrochen hätte, weil er dem stürmischen Drängen des Deutschen auf Lösung immer schwieriger werdender Aufgaben wegen seines Alters nicht mehr folgen konnte. Außerdem wäre ihm klargeworden, daß sich seine Tafeln des ersten Umschwungs auf einen unrichtigen Wert der Schiefe gründeten und auch seine Planetentafeln, sein Lebenswerk, wertlos geworden seien [126, S. 80]. Regiomontanus hatte bewußt vermieden, die Tafelwerke Bianchinis anzuwenden. Er

berechnete für seine Zwecke eigene Tabellen und versuchte, in einer gegenüber dem Älteren sehr feinfühligen Art, dem italienischen Gelehrten die Fehlerhaftigkeit seiner Arbeiten beizubringen, nicht etwa *im Geiste eines Überheblichen oder Widerlegenden*, sondern durch Aufgabenstellungen und durch *Verweilen bei den einzelnen Punkten*. Ob Bianchini darauf durch abruptes Abbrechen der Beziehungen reagierte, ist zweifelhaft.
Die Aufnahme des Briefverkehrs mit einem anderen Partner, nämlich mit dem Hofastrologen des Fürsten von Urbino Jakob von Speyer, spricht jedoch dafür, daß der geistige Austausch mit Bianchini zu Ende ging. Eine Verärgerung Bianchinis wird nicht der Grund dazu gewesen sein. Bei der Vorrangstellung, die Regiomontanus, ob berechtigt oder nicht ist eine andere Frage, dem älteren Kollegen stets in den Schreiben einräumte, kann das so nicht gesehen werden. Selbst bei Abzug der humanistischen Höflichkeitsfloskeln bleibt eine persönliche Zuneigung spürbar, die Regiomontanus dem Astronomen aus Ferrara gegenüber empfand. Auch Gerl vertritt die Auffassung, daß es falsch sei anzunehmen, Regiomontanus hätte seinen Briefpartner nicht mehr ernst genommen [27, S. 328]. Die einfachste Erklärung wäre eine altersbedingte Krankheit, die Bianchini hinderte, schwere Aufgaben zu beantworten. Er starb dann ja bereits 1466. In welchem Alter ist nicht festgehalten, da sein Geburtsjahr nicht bekannt ist. Er wäre, wie er sich einmal äußerte, schon 10 Jahre eher gestorben, *wenn die Annehmlichkeit der Sternkunde meine Seele nicht zurückgehalten hätte* [126, S. 83].
Der Briefwechsel zeigte, daß Regiomontanus um diese Zeit den Höhepunkt seines mathematischen Wissens erreicht hatte. Die Algebra beherrschte er wie kein anderer, ebenso die Regel Ta-yen der Chinesen. Unbestimmte Gleichungen ersten Grades mit zwei und drei Unbekannten verstand er zu lösen. Dazu Curtze: *Auch unter den geometrischen und stereometrischen Aufgaben und denen aus der Mechanik sind manche höchst beachtenswerte. Ich mache darunter nur aufmerksam auf die beiden Maximumaufga-*

ben, die Aufgabe über die Entfernung der Mittelpunkte des ein- und umbeschriebenen Kreises eines Dreiecks, diejenige über die schiefe Ebene, vor allem aber auf die Behandlung der Aufgabe, in einen gegebenen Kreis ein Sehnenviereck einzubeschreiben, dessen Seiten in gegebener Proportion stehen [12, S. 190].

VI.
Regiomontan an Jacob von Speier

Ioannes Germanus ad Iacobum de Spira,
Astronom des Herrn Federici, Herzog von Urbino

Vieles ermuntert mich, hochgelehrter Mann, und spornt mich an, ein enges Verhältnis unter uns herzustellen. Denn wir haben vor allem ein gemeinsames Vaterland, Alamannien; die väterlichen Wohnungen nicht allzuweit voneinander entfernt, welch einzigartiger Umstand, zumal wir in der Fremde sind, genügen sollte, uns zu verbinden. Schließlich dienen wir untereinander eng befreundeten Fürsten, zwischen denen eine große und echte und gegenseitige Hochachtung besteht. - Da also die Herren sich so sehr in Ehren halten, scheint es recht und billig, daß auch wir Diener gänzlich harmonieren. Hinzu kommt außerdem, was ich als besonders bedeutsam ansehe, die Ähnlichkeit der Studien, offensichtlich die Wurzel aller Freundschaft. - Nun also, damit Du nicht durch mehr, als sich gebührt, belästigt wirst, gehe ich zu meinen Wünschen über. Laß meinen Brief bei Dir erfolgreich sein; mögest Du Ioannes Germanus zur Schar Deiner Freunde zählen! Was die Zunge nicht kann, da die Entfernung zwischen uns es verhindert, möge die bittende Feder erreichen. Ich möchte nicht, daß Du wartest, bis Du bei mir zu Tisch gebeten wirst, insofern als mit Dir bei einem Gastmahl, wie üblich, über eine zu schließende Freundschaft verhandelt wird. Denn die Mahlzeit würde kalt, bevor Du aus Urbino nach Rom kämest. Wenn Du der Meinung sein solltest, die Anfänge unseres persönlichen Verhältnisses müßten durch Gefälligkeiten (Geschenke) gefestigt werden, dann wird es an Gefälligkeiten nicht fehlen, sofern Du die Beispiele unseres Vorfahren nicht gering achtest. Daß Archimedes dem Dositheus geometrische Probleme geschickt hat, ist klar. Daß Eratosthenes dem König Ptolemäus die Verdoppelung des Kubus wie ein großes Geschenk darbot, berichtet Eutocius (aus Ascalon). Derart werden unsere Geschenke wissenschaftlicher Natur sein, nicht alltäglicher. Wenn Du im übrigen an einem Gastmahl Freude hast, Fasanen und Rebhühner können wir mit unserer Feder nicht aus der Vorratskammer für Gelage hervorholen. Ermunternde Weine werden dann aber nicht lange fehlen. Sobald uns aber Überdruß an der Fülle des Mahles erreicht, dann werden wir einen Kitharöden und einen Flötenspieler schleunigst herbeiholen, auf daß sie zum Tanz aufspielen. Wenn es schließlich beliebt, eine kleine Weile, wie die Ärzte dringend empfehlen, spazieren zu gehen, oder die Helligkeit der Sonne zu betrachten, oder Speer zu werfen, so wird uns die Möglichkeit dazu gegeben werden. Das ist, bester

Jacobus, unser Mahl, an dem wir uns später öfter erfreuen werden. Ich wünschte, Du würdest mich zu einem derartigen Schmaus Deinerseits einladen. Doch wie lange noch werde ich bei diesem Gastmahl verweilen? Du wirst mir, wie ich hoffe, verzeihen, daß ich allzu sehr scherze, denn dazu werden die gegenwärtigen Tage des Dionysos Dich ermuntern. Die anderen richten ihren Körper durch ausschweifende Gastmähler in dieser Fastenzeit zu Grunde, wir aber werden unseren Geist im Wettstreit der Wissenschaften üben. Mir scheint, ich habe genug Scherze eingestreut. Zum Ernst sich zu entschließen, befiehlt jetzt die Stunde. Sieh also die nachfolgenden verschiedenen Probleme. ... - Zu guter Letzt möchte ich Dich bitten, daß Du mich dem hochherzigen und edelgesinnten Herrn Octavianus ... empfehlen mögest ... Leb wohl! Aus Rom am 15. Februar 1465.

VII.

Jacob von Speier an Regiomontan

Deinen Brief habe ich erhalten, hochgelehrter Mann, der mir Deine Scherze, Deine wohlgefälligen Aufmerksamkeiten und Dein einzigartiges Wohlwollen mir gegenüber überbracht hat. Ich lobe Deine Gelehrsamkeit und Deine elegante Ausdrucksweise, die Du mir bewiesen hast. Daß Du mir gewogen bist und mich hochachtest, daran tust Du sicherlich recht, da Du ja von mir außerordentlich geschätzt wirst, wofür es für uns sehr viele Gründe gibt. Denn wir stimmen hinsichtlich unserer Fürsten, unseres Vaterlandes, unserer wissenschaftlichen Interessen und unserer Wesensart überein. - Du hast mich außerdem zu einem mit Fasanen, Geflügel und Weinen wunderbar bereiteten Mahl geladen. Was ich Dir für eine solche Wohltat erwidern soll, weiß ich nicht, da ich Berggipfel und trockene Sandwüsten bewohne. Denn ich entbehre dieser köstlichen Speisen, mit denen Du Dich ernährst. Hier sind der Himmel und die Gestirne nicht nur deutlich in sich erkannt, ich werfe vielmehr meinen prüfenden Blick auch auf ihre wirksamen Kräfte. Hierher wirst Du, wenn es möglich sein wird, irgendwann zu einem Gastmahl kommen, denn durch Dich werden gute Früchte zur Verfügung stehen. Denn die wissenschaftlichen Erkenntnisse, nach denen Du strebst, haben wir hier ganz und gar nicht, weshalb Du wissen sollst, daß ich weder von meiner Seite Probleme vorlegen, noch die Deinen lösen kann. Damit ich aber um unserer Freundschaft willen etwas schreibe, so will ich mit Dir über einige Restfragen verhandeln. -

Es folgen astronomische Erörterungen.

Nun hast Du von mir genug, bester Mann, und Du wirst mir verzeihen, wenn ich nach dem Mahle ein Weilchen ruhe. - Ich aber schicke Dir ... die Erholung, die Du wolltest, nicht die des Faschings, sondern die, die gleichsam als ein Gang des vierzigtägigen Fastens anzusehen ist. Ich bitte Dich, Du mögest sie nicht verachten, sondern dafür sorgen, daß Du mich darüber aufklärst. Unser katholischer Glaube hat festgesetzt, daß alle an unseren Herrn Jesus Christus nicht nur als Gott, sondern als wirklichen Menschen glauben müssen, der, wie ein wahrer Prophet in Menschengestalt, durch die Konjunktion der Sterne dort oben dem Gesetz gemäß von entfernten Völkern wahrgenommen wurde. Ich sage durch die Konjunktion, die seiner großen Geburt kurz vorausging. Ich suche die genaue Bestimmung des Jahres, in dem er gemäß dem Wunder der vorhergesagten Konjunktion geboren werden mußte, das Jahr auch, in dem der Welt seine Lehre zum ersten Mal erscheinen konnte. Daß unser Herr Jesus Christus am Tag des Herrn, den 24. Dezember um 11.20 Uhr nach Mittag geboren wurde, halten wir aus astronomischer wie katholischer Sicht fest. Ich suche die spezielle Konstellation, die dem Herrn Jesus den so bitteren Tod brachte, und auch die Art gerade dieses Todes, da er ja selbst dem Anfang und außerdem den Umständen mit seinem Körper unterworfen sein wollte wie ein anderer gewöhnlicher Mensch. Die Kirche berichtet auch in den einzelnen Jahren, daß Christus etwa während einer Opposition der Sterne gelitten habe und beschreibt, daß er in seinem 34. Lebensjahr gestorben sei. Ich frage nun, der wievielte Tag des Monats seiner heiligen Passion es war, und welcher Tag der Woche es sein konnte, am Tag des Jupiter oder der Venus oder des Sabbats. Ich suche die genaue Zeit der tatsächlichen Konjunktion der obengenannten Gestirne ... und auch, ob wir ihn selbst noch erwarten. Gib eine Zeit an, nach welchem Gesetz er erscheinen wird, und ob er nach Vollendung von Wundern in den Himmel auffahren wird, darüber hinaus den Ort seiner Geburt. Dies alles sollst Du beweisend bestimmen.

Weil Du ein genauer und ausgezeichneter Arithmetiker bist, werde ich mich nicht scheuen, Dir noch mehr Arbeit aufzuerlegen. Ich frage nach dem Zeitpunkt der tatsächlichen Konjunktion der drei Gestirne vermittels des üblichen Verfahrens mit den Tafeln nach dem Meridian der Stadt Rom. - Leb wohl! Aus Urbino 6. April 1465 Dein Dir völlig ergebener Jacobus Spirensis An den vortrefflichen und hochgelehrten Mann Herrn Johannes Germanicus, den höchsterfahrenen Astronom, den vorzüglichen Freund in Rom.

VIII.

Regiomontan an Jacob von Speier

1465. Du hast mir vor Kurzem, bester Mann, auf meinen Brief nicht weniger gelehrt als elegant geantwortet und hast mir meinen Wunsch erfüllt. - So habe ich aus Deinem Brief genau erfahren, daß Du Dich am Studium der Sterne erfreust, indem Du nicht nur ihre Bahnen, ihre Gestalt, Größe, Abstand und sonstiges dieser Art, sondern auch - und gerade das am eifrigsten - deren Einfluß und Wirkungen auf die Urstoffe und das aus den Urstoffen Hervorgegangene betrachtest. - Wir scheinen in der Tat von unseren Vorfahren weit entfernt zu sein, die, wenn sie die Schriften der Alten gründlich studiert hatten, bestrebt waren, auch ihre Meinungen und Beobachtungen hinzuzufügen, und zwar höchst wachsam, damit die Wissenschaft selbst durch fortwährende Zusätze gemehrt werde. Wir aber lesen im Gegensatz dazu die bedeutenden Bücher in dieser Wissenschaft nicht, noch erkundigen wir irgendwann, ob der Himmel unserer Berechnung entspricht. Ja, wir kleben ganz nach Art gutgläubiger Weiber an jenen Alfonsinischen Tafeln und ihren Abkömmlingen, gleichsam als ob sie von Gott gesandt seien und nie einen Fehler erlitten hätten.

Die Vorwürfe Regiomontans können sich nicht auf ihn beziehen, sondern richten sich an andere. Die Alfonsinische Tafel, eine letzte große Leistung der arabischen Astronomie, entstand unter König Alfons X. von Kastilien, der etwa 50 islamische, aber auch jüdische und christliche Gelehrte beschäftigte, um neue und bessere Tafeln für die Berechnung der Planetenbahnen zu erhalten. Sie galten zwar als Meisterwerk der Astronomie. Die Unzulänglichkeit dieses Tafelwerkes aber hatte Regiomontanus bereits frühzeitig erkannt und kritisiert [126, S. 168], [100, S. VIII].

Bester Jacobus, wenn Du über die Probleme der Sonne und ihres Schattens mit dem Berührungspunkt der Mondfinsternis etwas berichten solltest, wirst Du das ohne Zweifel auf keine Weise hinreichend dartun können, wenn Du nicht vorher den verewigten Apollonius "de elementis conicis" und den Ptolemäus im sechsten Buch seines großen Werkes prüfend durchgelesen hast. Und auch das wird nicht genug sein, denn es wird nötig sein, das erste Buch des Hispalensis angeschaut zu haben oder das dritte des Menelaus "de sphericis" oder das Buch "triangulorum spheralium nove traditionis". - Soviel wollte ich über die vorher genannten Fragen anmerken, nicht aus einer anmaßenden Haltung heraus, sondern vielmehr, damit Du nicht glaubst, ich hätte nach der Art gewisser Leute gehandelt, die die schwersten Lasten anderen aufbürden, sie selbst aber weder tragen noch lösen können. Nun soll ich auf Deine Fragen, bester Mann, antworten. Daß dies hinreichend gescheit geschehen könnte, daran hindert mich der Mangel an Büchern und die Entfernung von der Stadt. Auch hält mich als ihren Bewohner die Anmut der Gegend in ihrem Bann. Dafür besteht in den Bädern von Viterbo Gelegenheit, und wenn ich auch nie bade, so verschaffen doch die grünen Saaten und Wiesen und sonstige höchsterfreuliche Dinge meinen Augen zumeist ein Schauspiel und lenken meinen Geist von den gewohnten Überlegungen ab. Du fragst nach der genauen Bestimmung des Jahres, in dem unser Erlöser geboren sein muß aufgrund der großen Konjunktion, die seine Ankunft verkündete und anzeigte, des Jahres schließlich, in dem er seine Lehre erstmals der Welt sichtbar machen mußte, und seines Gesetzes, aufgrund dessen es durch astronomische Begründungen voraus erkannt werden konnte.

Regiomontanus geht nicht darauf ein, sondern verweist auf die Zeugnisse *weiser Männer*, die diese Fragen *hervorragend* behandelt hätten.

Damit, bitte ich Dich, mögest Du zufrieden sein, damit es nicht nötig ist, eine schon längst, soweit es möglich war, sooft durchgearbeitete Frage abzuschreiben. - Damit wir nicht einen neuen Streit beginnen, setze ich unserer Unterhaltung über diese Dinge ein Ende. - Ich glaube, daß es Dir nicht an (anderem) Stoff fehlen wird, an mich zu schreiben. Und wenn Du gestattest, Dich durch neue Probleme herauszufordern, dann nimm die unten niedergeschriebenen entgegen. Wenn die Lösung manchmal überaus schwierig erscheint, so kannst Du ja nur eine Möglichkeit der Lösung aufzeigen. Wir werden nicht wie Knaben, die um das Glück auf gleich oder ungleich spielen, sondern vielmehr nach Art von Forschern, die die regulären Lehrgegenstände pflegen, uns gegenseitig beschäftigen.

Es folgen die angekündigten Probleme.

Doch jetzt muß ich meine Feder zurückhalten, damit es nicht so aussieht, als ob ich mehr Freude an eilig niedergeschriebenen Briefen habe als daran, irgendetwas Brauchbares hervorzubringen. Leb wohl und glücklich!
Bei den Bädern von Viterbo am 8. April 1465. Ganz Dein Io. Germanus.

Ob dieser Brief Regiomontans aus Viterbo der letzte Brief an Jakob von Speyer gewesen ist und ob dieser geantwortet hat, kann nicht gesagt werden. Daß der Briefwechsel jedenfalls nicht fortgesetzt wurde, kann mit Sicherheit angenommen werden. Regiomontanus hatte deutlich gespürt, daß Jakob von Speyer in einen gehobenen Gedankenaustausch wenig an astronomisch-mathematischem Wissen einbringen konnte, sondern ausschließlich auf Astrologie ausgerichtet war. Daran war Regiomontanus wiederum weniger interessiert. Die astrologischen Fragen nach Christi Geburt, nach seinem Tod und seinem Wiederkommen wurden von Regiomontanus ausweichend beantwortet. Dennoch gab er allgemeine Antworten, die außerordentlich beachtenswert sind.

Zur Ursache, *die unserem Erlöser einen so bitteren Tod brachte,* bemerkte er, daß dahingehende Äußerungen *heidnisch und der christlichen Religion nicht angemessen seien.* Im übrigen sei nach Ort und Zeit einer kommenden Zusammenkunft von Saturn und Jupiter mit dem Auftreten eines Propheten nicht zu rechnen, weil es sich nur um eine kleine Planetenkonjunktion handeln würde. Um schließlich die Berechnung der Geburt Christi durchführen zu können, bedarf es besserer Tafeln: *Ich behaupte, daß unsere modernen Tafeln in keiner Weise ausreichen. - Es läßt sich erkennen, daß diese Frage ... unentschieden bleibt.*

In der Tat beschäftigen sich bis zum heutigen Tage bedeutende Gelehrte mit dem *Stern von Bethlehem,* der astronomisch auf den Zeitpunkt der Geburt Christi hinweist. Die Feststellung des Jakob von Speyer, *daß unser Herr Jesus Christus am 24. Dezember geboren wurde,* ist astronomisch nicht mehr haltbar. Konradin Ferrari d'Occhieppo schreibt: *Das für einen Kenner der spätbabylonischen Astronomie und des Bibelgriechischen meiner Ansicht nach geradezu auffällige sinngemäße Zusammenstimmen des biblischen Magierberichts ("Heilige Drei Könige") mit den speziellen Jupiter-Saturn-Erscheinungen 7/6 v. Chr. samt der Rolle des Zodiakallichts läßt mir das Datum 12. November 7 v. Chr. als Datum der Ankunft der Magier in Bethlehem mit einer Toleranz von äußerstenfalls ± 1 Tag als astrochronologisch völlig sicher erscheinen* [19, S. 41 ff.].

Danach wäre die Geburt des Religionsstifters auf das Jahr 7 vor Beginn der Zeitrechnung anzusetzen. Das stimmt mit Kepler überein, der die Geburt Christi ebenfalls ins Jahr der *Großen Konjunktion* legte, nachdem er am 17. Oktober 1604 beobachten konnte, wie sich die Planeten Saturn, Jupiter und Mars bei klarer Nacht gemeinsam im Sternbild *Schlange* zeigten. Aber auch dieses, nunmehr korrigierte Geburtsjahr wird in letzter Zeit bestritten. In einem alten chinesischen Astronomiebuch wurde gefunden, daß sich im Frühjahr des Jahres 5 v. Chr. eine *Super-Nova* ereignete, die 70 Tage lang im Sternbild *Capricornus* sichtbar blieb. Das soll der *Stern von Bethlehem* gewesen sein [28, S. 89 ff.]. Für die Gläubigen ist das ein Wissenschaftsstreit, der sie unberührt läßt. Regiomontanus schrieb richtig: *Es läßt sich erkennen, daß diese Frage unentschieden bleibt.*

Pfründenverleihung

Gerätselt wurde, wie der deutsche Astronom für seine Dienste entschädigt wurde. Zinner schloß bei Peuerbach, wie auch bei Regiomontanus die Gewährung von kirchlichen Pfründen aus. Diese Auffassung ist, zumindest was den Königsberger betrifft, zu berichtigen. Es liegt nämlich aus dem Vatikanischen Archiv eine

Urkunde vor, die folgendes besagt:
Ausgestellt am 1. April 1465. Der Papst überträgt dem *Johannes Muller de Kunigspergk* ein Kanonikat im Stift Haug zu Würzburg und die Anwartschaft auf die nächste freiwerdende Pfründe in diesem Stift. Außerdem eine Anwartschaft auf eine zweite Pfründe im Bistum Würzburg. Diese Pfründe darf Einnahmen von maximal 25 Mark Silber haben, wenn mit ihr die Pflicht zur Seelsorge verbunden ist bzw. 18 Mark Silber, wenn eine solche Pflicht nicht besteht. Zu Exekutoren bestellt der Papst den Bischof von Orte bei Rom, den Dekan von St. Moritz zu Münster in Westfalen und den Offizial von Bamberg. Regiomontanus wird in dieser Urkunde bezeichnet als *Magister artium*, als *capellanus* und *Familiar* des Kardinals Bessarion. Wohl auf Veranlassung des Kardinals ist die Urkunde *motu proprio* gewährt; dies sichert den Vorrang vor allen anderen eventuellen Mitbewerbern zu (Vatik. Archiv, Reg. Lat. 625 f 45^{v}).
Die Urkunde wirft eine Reihe von Fragen auf, die zu klären sind. Zunächst wird in ihr bestätigt, daß Regiomontanus Familiare, also Hausgenosse Bessarions gewesen ist und somit in der Kurie, wie auch im Sommerhaus an der Via San Sebastiano gewohnt hat. Verliehen wurde die Pfründe durch Papst Paul II. (1464 -

Abb. 18: Auf der Sonnenuhr ist Papst Paul II. abgebildet

1471), dem Regiomontanus als Geschenk eine kleine Reisesonnenuhr angefertigt hatte - mit der Umschrift: *Paulo veneto pape II italice pacis fundatori. Roma.* Die zierliche Uhr ist im Germanischen Nationalmuseum in Nürnberg aufbewahrt.

Die Pfründen bei Stift Haug zu Würzburg lassen nicht den Schluß zu, *Johannes Muller de Kunigspergk* sei Kleriker gewesen. In Regiomontans Lebenslauf gibt es auch nicht einen einzigen Hinweis darauf. Dem Kollegiatenstift in Würzburg gehörten zu allen Zeiten nahmhafte Gelehrte an, Geistliche wie auch Laien.

Auch der junge Bildhauer Tilmann Riemenschneider war einmal als Laie Inhaber einer solchen Altarpfründe [67, S. 1 ff.]. Die Bezeichnung Regiomontans in der Pfründenurkunde vom 1. April 1467 als *capellanus* ist auf einen Irrtum des Kanzleischreibers in Rom zurückzuführen [77, S. 15]. Zweifellos war der Königsberger Sekretär des Kardinals. Das geht aus einem Dialog hervor, den Regiomontanus in humanistischer Manier einmal geschrieben hatte und der später in Nürnberg veröffentlicht wurde. Darin wird das Gespräch eines Wiener und eines Krakauer Magisters, die sich in Rom getroffen haben, wiedergegeben. Beide sind Sekretäre ihrer Herren, zweier Kardinäle, wobei sich der Wiener Magister als Johannes Regiomontanus zu erkennen gibt und als seinen Herrn den Kardinal Bessarion benennt [32, S. 118 f.]. Der Krakauer ist der Astrologe Ilkusch (Ilkusz), mit dem Regiomontanus wieder in Ungarn zusammenkommen wird. Priesterliche Weihen waren nicht erforderlich, um als Sekretär eines Kardinals tätig zu sein, zumal Regiomontanus ausschließlich weltliche Aufgaben zu erfüllen hatte. Die späteren Vatikanischen Urkunden 1475/76 enthalten ebenso keinen Vermerk, daß Regiomontanus dem geistlichen Stand zugerechnet wurde.

Es ist anzunehmen, daß die Pfründenurkunde bevorrechtigt, ohne *Supplik* (d. h. ohne förmliche Bittschrift) ausgestellt worden war - auf mündlichen Befehl. Das war in Ausnahmefällen möglich, wenn der Petent aufgrund seiner Stellung oder seiner Beziehung die *Signatura* umgehen konnte. Das *Motuproprio* verweist eben

auf eine solche bedeutende Beziehung an der päpstlichen Kurie, da die Klausel *motu proprio* nur in etwa 2 % aller Fälle gewährt wurde [22, S. 80 ff.]. Ganz deutlich wird hier der Einfluß des Kardinals Bessarion spürbar.
Die Trennung von dem Kirchenfürsten wird dem Königsberger nicht leicht gefallen sein. Aber die Zeit war 1465 gekommen.

Abb. 19: Die Graphik zeigt ein Gespräch zwischen einem Theologen und einem Astronomen (Ratdolt, Augsburg 1490). Regiomontans Dialog mit Bessarion endete mit seiner Abreise aus Italien

Das ungarische Spiel

Matthias Corvinus

Wann Regiomontanus seinen ersten Italienaufenthalt, den er 1461 begonnen hatte, beendete, steht nicht genau fest. Es muß nach der Gewährung der Pfründe (1. April 1465) geschehen sein. Im Mai/Juni 1465 schrieb er aus Viterbo an Jakob von Speyer und forderte ihn auf, ihm zu antworten, ohne daß aus dem Brief auch nur die Andeutung eines beabsichtigten Wohnsitzwechsels herauszulesen wäre. Am 19. Juni 1465 zeichnete Regiomontanus noch eine Beobachtung auf [126, S. 103]. Bis 1467 liegen dann über ihn keine weiteren Nachrichten vor. Daraus ist zu schließen, daß der Gelehrte in der zweiten Hälfte des Jahres 1465 Italien verlassen hatte.

Welche Gründe Regiomontanus gehabt hat, um sich von Kardinal Bessarion zu trennen, kann nur vermutet werden. Im persönlichen Verhältnis zu Bessarion gab es keine Disharmonie, denn Regiomontanus brachte in das Verhältnis zum Kardinal mehr ein als nur die Dienstbereitschaft eines Sekretärs. Äußerungen in seinen Briefen zeigen, wie sehr er am Geschehen um Bessarion inneren Anteil nahm. Der Magister aus Königsberg konnte ganz sicher die Trauer Bessarions mitempfinden, als dieser hörte, daß 1461 seine Heimat Trapezunt von den Türken eingenommen wurde. Regiomontanus hatte miterlebt, wie der Kardinal 1463 im Exil seine Ernennung zum Patriarchen von Konstantinopel erhielt, und wie sich Bessarion als päpstlicher Legat seit Juli 1463 in Venedig abmühte, ein Heer zusammenzubringen, das die Türken aus Konstantinopel vertreiben sollte. Auch Papst Pius II. nahm, bereits krank, am 18. Juni 1464 *das Kreuz* und reiste nach Ancona, um sich dort den Kreuzfahrern anzuschließen [81, S. 304, 316]. Er kam todkrank in der italienischen Hafenstadt an und mußte zusehen, wie sich das Kreuzfahrerheer, weil man letztlich nicht kämpfen wollte, wieder auflöste. Der Zustand des Papstes verschlechterte sich rapide. An seinem Sterbelager versammelten sich die fünf in Ancona anwesenden Kardinäle. Bessarion als der Angesehenste sprach die Abschiedsworte. Der Papst gab allen die Hand und segnete sie. Alle weinten. Pius II., ein großer Befürworter des Humanismus, starb dann in der Nacht zum 15. August 1464.

Bessarion reiste mit seinem Gefolge, darunter Regiomontanus, sofort nach Rom zur Wahl eines neuen Papstes, die bereits am 30. August vollzogen wurde. Von den 19 wahlberechtigten Kardinälen stimmten elf für den Kardinal von S. Marco, Pietro Barbo. Bessarion, als Dekan fungierend, verkündete das Ergebnis: *Die hier versammelten Väter haben Dich zum Oberhirten gewählt und ich wähle Dich im Namen von allen.* Der Gewählte nahm als Papst den Namen Paul II. an. Die Höhen und Tiefen im Leben Bessarions hatte Regiomontanus gewissermaßen hautnah miterlebt. Die menschliche Größe, die der Kardinal in allen Schicksalslagen zeigte, hat in Regiomontanus eine dauerhafte Hochachtung und Zuneigung hervorgerufen. Eine Verschlechterung der Beziehungen zum Kirchenfürsten war mit Sicherheit nicht eingetreten. Die Trennung Regiomontans von Rom muß andere Gründe gehabt haben.

Diese Gründe sind zu suchen in dem Streit, der sich zwischen Paul II. und Kardinal Bessarion anbahnte. Der Papst wollte die von allen Kardinälen, seinerzeit auch von Pietro Barbo beschworene Wahlkapitulation nach seiner Wahl nicht mehr anerkennen. Es ging um die Verpflichtung zur Fortführung des Türkenkrieges, um die Ernennung von Kardinälen, um Veräußerung von kirchlichem Besitz u. a., alles Regelungen, die die päpstliche Gewalt einschränkten. Paul II. zwang Bessarion bis hin zur Drohung einer Exkommunikation, die Zustimmung zur Aufhebung der Kapitulation zu unterschreiben [81, S. 316 ff.].

Andere Zwischenfälle kamen hinzu. Sogleich nach seinem Amtsantritt hob Paul II. die Stellen der Kanzlei-Abbreviatoren auf, die sich meistens Humanisten durch einen Gnadenakt oder durch

Kauf erworben hatten. Die Leute standen plötzlich auf der Straße. Der Papst zeigte sich allen Bitten unzugänglich. Bartolomeo Platina mußte seine scharfen Proteste mit Folter und schwerer Haft bezahlen. Damit war Bessarions Akademie, der Platina angehörte, unmittelbar betroffen. Im Februar 1465 wurde dem Humanistenzirkel des Pomponio Leto Umsturz und Häresie (Ketzerei) vorgeworfen. Bessarion, *die einzige Stütze griechischer und lateinischer Gelehrsamkeit*, ließ die in Not geratenen Humanisten nicht fallen. Er verschaffte ihnen Erleichterungen und schließlich die Freilassung. Bessarion mied nach diesen Vorfällen den Papst und die Kurie. Sein altes Leiden machte sich bemerkbar, so daß er sich nach Viterbo zurückziehen konnte. Am 8. Mai 1465 schrieb ihm sein Freund Ammanati aus Rom, Bessarion solle nach den Bädern immer schön ausruhen und nicht zuviel fasten, das täte dem Magen nicht gut. *Vater Nicenus, nütze Deine Weisheit, höre auf die Ärzte, laß Deinen Geist von Sorgen ruhen, vergiß die Geschäfte an der Kurie ganz und gar* [81, S. 320, 322].
Es war zu befürchten, daß die Verfolgung der Humanisten noch weit schärfere Formen annahm. Ihr Schutzherr, der Kardinal, war kränklich und von Rom abwesend. Regiomontanus sah auch keine Aufgaben, die seinen Drang nach neuen astronomischen Erkenntnissen hätten befriedigen können. Der Auftrag, der ihn nach Italien geführt hatte, war erfüllt. Die *Epitoma in Almagestum* war fertig, die Dreieckslehre geschrieben und die Bibliothek des Kardinals durch zahlreiche Abschriften wertvoller Schriften bereichert. Mit 482 griechischen Codices und 264 lateinischen Handschriften hatte sich Bessarion die größte Privatbibliothek des damaligen Abendlandes aufgebaut. *Alle meine Kräfte habe ich* (Bessarion) *aufgezehrt, um nach dem Ende Griechenlands und dem beweinenswerten Fall von Byzanz griechische Bücher zu suchen und zu sammeln* [36, S. 228 f.]. Bessarion vermachte seine wertvolle Bibliothek 1468 der Republik San Marco.
Was blieb für einen hochqualifizierten Astronomen in der Umgebung Bessarions noch zu tun? Regiomontanus mußte sich aus der

ihn beengenden Alltagstätigkeit eines Sekretärs und Beraters, die ihm der Kardinal jetzt nur noch bieten konnte, lösen, um weiter forschen zu können. Das mußte so schnell wie möglich geschehen. Annahmen, die Abreise Regiomontans hätte sich bis 1467 hinausgezogen, berücksichtigen nicht die ernste Krise, in der sich die Humanisten Italiens 1464/65 befanden. In einer solchen Atmosphäre war es für Regiomontanus unmöglich, schöpferisch tätig zu sein. Und Regiomontanus war keineswegs so veranlagt, daß er seine Zeit vergeudet hätte: *Damit sie uns nicht beschuldigen können, wir hätten unser Leben in müßigem Nichtstun verbracht* (im Brief an Roder). Zinner neigt ebenfalls zu der Auffassung, daß Regiomontanus bereits 1465 Abschied von Italien nahm. Der geeignete Zeitpunkt bot sich an, als Bessarion im Sommer 1465 wieder nach Rom ging, wo er, vom Kardinalkollegium isoliert, keine kirchenpolitischen Aufgaben mehr zu erfüllen hatte. Dieser Vorgang, der einer Entmachtung gleichkam, wirkte sich zweifellos auch auf die *familia* des Kardinals aus. Regiomontanus hatte keine Veranlassung, länger in Rom zu bleiben. Mit seiner Abreise ging für ihn ein bewegter, aber wichtiger Lebensabschnitt zu Ende.

Es ist bis heute nicht geklärt, wo sich Regiomontanus vom Herbst 1465 bis zum Sommer 1467 aufhielt. In Italien sind, wie bereits erwähnt, keine Anzeichen seiner Anwesenheit mehr feststellbar. Er könnte zunächst nach Wien gegangen sein. Das wäre sinnvoll gewesen. Die Universität Wien hatte europaweit einen ausgezeichneten Ruf als humanistisch-naturwissenschaftliche Bildungsstätte und übte eine entsprechende Anziehung auf alle aus, die sich mit diesen Wissenschaften beschäftigten. Hier, in der Kaiserresidenz, war am besten zu erfahren, wo sich für Regiomontanus eine angemessene neue Aufgabe bot. Das wäre ein triftiger Grund, sich erst einmal in Wien umzusehen. In den Vorlesungsverzeichnissen von 1465 bis 1467 und den Akten der Rheinischen Nation ist sein Name jedoch nicht vermerkt. Das beweist lediglich, daß er nicht unterrichtete und Wien eine Zwischenstation gewesen sein könnte, bevor er weiterzog. Wohin? Es bietet sich eigentlich nur seine fränkische Heimat an, die er vor achtzehn Jahren verlassen hatte. Eines steht fest: Irgendwo verborgen lebte er jedenfalls nicht. Man wußte ihn zu finden, als seine Berufung nach Ungarn anstand.

In Ungarn war 1458 der Sohn Matthias des Reichsverwesers Johannes Hunyadi König geworden, ein "Emporkömmling" also, der sich mit den Ständen des Landes anlegte und gewissermaßen gegen die *überkommene Ordnung* regierte. Da er weder Sproß einer königlichen Dynastie, noch Nachfahre einer alten Familie des Landes war, hatte er es schwer, sich durchzusetzen. König Matthias I. Corvinus mußte mehrmals Aufstände niederschlagen, bevor er eine absolute Machtstellung erringen konnte. Seine Regierungszeit von 1458 bis 1490 war zudem gekennzeichnet durch einen ständigen Konflikt mit dem römisch-deutschen Kaiser Friedrich III. Nach Stabilisierung seines Landes wandte er sich den Wissenschaften und Künsten zu.

Der aufkommende Humanismus hatte in Europa keineswegs zur Folge, daß die mittelalterlichen geistigen Traditionen überall schlagartig aufgegeben wurden. Die Renaissance, von Italien ausgehend, trat vielmehr neben dieser noch blühenden spätmittelalterlichen Kultur auf und konzentrierte sich zunächst auf einige Schwerpunkte. Ein solcher Schwerpunkt mit erheblicher Ausstrahlung war Wien. In Ungarn bildete sich am Hofe des Königs Matthias ebenfalls ein Zentrum des *Neuen Lebens*. Ein weiterer Kreis des humanistischen Denkens entwickelte sich um Johannes Vitéz (1408 - 1472), dessen Verbindungen zu Wien und zu den *homines litterati* der italienischen Kulturzentren die humanistische Entwicklung in Ungarn förderten.

Vitéz war Erzieher des jungen Matthias Corvinus gewesen. Das Bistum Großwardein erhielt er 1445. Als Diplomat unter Ladislaus Posthumus und Matthias Corvinus pflegte er Kontakte mit Wien und kannte den Lehrer Regiomontans Georg von Peuerbach, dem er einige Aufträge hatte zukommen lassen, u. a. hatte

er ihm die Stellung eines Hofastrologen bei König Ladislaus (1440 - 1457) vermittelt [5, S. 244 ff.]. So lernte Vitéz auch den hochbegabten Regiomontanus kennen. Der Erzbischof wird diesen jungen Gelehrten nicht aus dem Auge verlieren. Seit 1452 ungarischer Staatskanzler und ab 1465 Erzbischof von Gran (Esztergom), übte Vitéz in Ungarn und auf den König großen Einfluß aus. Die Gründung der *Academia Istropolitana* durch König Matthias erfolgte auf Anregung des Staatskanzlers Vitéz [11, S. 255 ff.], dem Matthias die Organisation der neugegründeten Universität Preßburg übertrug. Die päpstliche Erlaubnis war am 29. Mai 1465 erteilt worden. Vitéz bemühte sich, vorwiegend humanistisch gebildete Gelehrte für die ungarische *Academia* zu gewinnen. Regiomontanus war nicht der Einzige, aber der Begabteste, der eine Berufung nach Preßburg erhielt. Von Anfang an war der polnische Astrologe Martinus Ilkusz (etwa 1434 - 1493) dabei. Ihn kannte Regiomontanus von Italien her. Der Krakauer Magister, Doktor der Theologie und der Medizin, war vordem Astrologe des Kardinals Pietro Barbo und in Rom anwesend [126, S. 105, 108], als sein Dienstherr am 30. August 1464 zum Papst (Paul II.) gewählt wurde. Regiomontanus hat das Treffen in Rom in dem bereits erwähnten Dialog festgehalten.
Als weitere Kapazitäten wurden der italienische Jurist Giovanni Gatti und die Theologen Laurentius von Krompach, Nicolaus Schricker von Hüttendorf und Matthias Grueber von Mödling nach Preßburg geholt. Janus Pannonius (1434 - 1472), neben Vitéz der zweite humanistische Berater des jungen Matthias Corvinus, brachte Ideen des Platonismus nach Ungarn, die in den siebziger Jahren zur Bildung eines neuplatonischen Kreises am Hofe des Königs führten. Vitéz hatte den Ehrgeiz, die Preßburger Universität zu einem Anziehungspunkt für humanistisch gebildete Gelehrte zu machen. Das gelang ihm dadurch, daß er bedeutende Magister gewinnen konnte, allerdings nur für wenige Jahre. Unter den Naturwissenschaftlern, die in Ungarn arbeiteten, nimmt Regiomontanus den ersten Platz ein [78, Heft 9/10].

Die Tafelwerke

Regiomontanus kam im Sommer 1467 nach Preßburg. Der Erzbischof hatte aber nicht die Absicht, den hochtalentierten Astronomen als Professor an der neuen Hochschule einzusetzen und an Lehrpläne zu binden. Vitéz sah es für nützlicher an, daß Regiomontanus für ihn arbeitete und zunächst einmal verständlichere Tafeln zur Berechnung der *Direktio* erstellte. Diese Aufgabe reizte Regiomontanus verständlicherweise mehr als eine Lehrtätigkeit. Er hatte sich ja bereits in Italien mit der Grundlage solcher Tafeln beschäftigt, nämlich *mit der Berechnung der Häusergrenzen und mit der Festlegung der Directio oder Leitung im Sinne des ersten Umschwunges*. Insoweit war die Arbeit bereits begonnen.

Regiomontanus vollendete die *Tabulae directionum* 1467 auf der alten ungarischen Königsburg Gran, der Residenz des Erzbischofs, die Vitéz ohne Rücksicht auf Kosten herrichten ließ. Italienische Künstler stellten die frühgotischen Räume wieder her und ergänzten die Burganlage durch Renaissancebauten, die einen herrlichen Blick in die Donauebene eröffneten. Hier erarbeitete Regiomontanus die *Tabula* mit Unterstützung des etwa gleichaltrigen Magisters Martin Ilkusch (Ilkusz), der später Hofastrologe des Königs Matthias wurde [126, S. 105 ff.].

Die Tafeln zur Umrechnung sphärischer Koordinaten waren besonders zur Berechnung der Häuser und Direktionen geeignet; für die Astrologie waren sie eine deutliche Hilfe bei der Erstellung von Horoskopen. Wenn das auch Vitéz bei der Auftragsvergabe im Auge gehabt haben mag, so schuf Regiomontanus weit mehr. Den Tafeln gab er Erklärungen in 31 Abschnitten bei, wobei er sich auf eine Sinustafel mit sinus 90° = 60 000 bezog, aber hinzusetzte, daß eine Sinustafel zu sinus 90° = 100 000 geeigneter wäre. Im 10. Abschnitt fügte er schließlich eine Tangententafel mit tg 45° = 100 000 ein, die sogenannte *Tabula fecunda*, deren Vorzüge er erläuterte. Gleichzeitig vervollständigte Regiomonta-

IOHANNIS DE MONTE REGIO, MATHEMATICI CLARISSIMI, TABVLÆ DIRECTIONVM PROFECTIOnumque, totam rationem primi motus continentes, & non tam Aſtrologiæ judiciariæ, quàm tabulis inſtrumentisque innumeris fabricandis utiles ac neceſſariæ.

Denuò nunc editæ, & pulchriore ordine diſpoſitæ, multisq; in locis emendatæ.

EIVSDEM REGIOMONTANI TABVLA SINVVM, per ſingula minuta extenſa, univerſam ſphæricorum triangulorum ſcientiam complectens.

ACCESSERVNT HIS TABVLÆ ASCENSIONVM obliquarum, à 60. gradu elevationis poli, uſque ad finem quadrantis; per ERASMVM REINHOLDVM Salveldenſem ſupputatæ.

VVITEBERGÆ,

Imprimebantur in Officina Typographica Laurentij Seuberlichs, Impenſis Samuelis Selfiſch.

ANNO 1606.

Abb. 20: Titelblatt der Tabula directionum in der Druckausgabe Wittenberg 1606 nus die Dezimalrechnung. Ergänzt wurde das Werk durch eine Tafel der Sonnendeklination, die er schon 1464 in Padua berechnet hatte [126, S. 246 f.].

Regiomontanus hat mit seinem Werk *Opus tabularum directionum profectionumque Anno Dei 1467 explicit feliciter* die moderne Art der Tangententafel mit Werten für jeden Grad zuerst in die abendländische Mathematik eingeführt. Die *Tabula*, die schwierige und aufwendige Berechnungen erforderlich machte, nannte er, weil ihm die Rechnungen leicht fielen, *das ungarische Spiel* [79, S. 20].

Der Erzbischof war sehr sterngläubig und begann nichts, bevor er sich nicht anhand seiner Jahrbücher, die er immer bei sich trug, vergewissert hatte, ob ihm die Sterne geneigt waren. Es blieb nicht aus, daß Regiomontanus auf Wunsch seines Dienstgebers solche Jahrbücher erstellte. Sie sind vermutlich während der Türkenkriege verlorengegangen. In Ungarn entstanden aber weit wichtigere Arbeiten. Als sich Regiomontanus 1468 in Ofen (= Buda, später Budapest) aufhielt, konnte er endlich seine Sinustafel für sinus 90° = 10 000 000 fertigstellen, auf deren Vorteil er bereits in der Erklärung der *Tabulae directionum* hingewiesen hatte, die dort aber verkürzt für 100 000 veröffentlicht wurde.

Regiomontanus ging nicht mehr nach Gran zurück. Auf Wunsch des Königs Matthias blieb er in Buda und wechselte in königliche Dienste, weil er dadurch mehr Freiheit bekam, seinen astronomischen und humanistischen Neigungen nachzugehen. Er machte sich sogleich an die Fertigstellung des großen Tafelwerkes, die Tafel des ersten Umschwunges, *Tabula primi mobilis* genannt. In Italien hatte er bereits vorgearbeitet. Die Überschriften für 40 Abschnitte waren entworfen; einen großen Teil der Rechnungen hatte er in Venedig ausführen können. In Buda wurde das Werk nun 1468 vollendet. Die Tafel diente zur Erleichterung zeitraubender und mühsamer Rechnungen. Zinner: *Damit sollte der Sinus eines Winkels berechnet werden, der gleich dem Produkt der Sinus zweier anderer Winkel ist, oder in anderer Form* sin (90° - a)

= sin (90° - b) sin (90° - c) und sin (90° - α) = sin (90° - a) sin β. Anschließend schrieb Regiomontanus die *Fundamenta*, die in 58 Abschnitten die Beziehungen im sphärischen Dreieck behandelte.
Die *Tabula primi mobilis*, deren Gebrauchsanweisung 63 Abschnitte umfaßte und mit einer Einführung in die sphärische Astronomie versehen war, wurde König Matthias gewidmet, der sich in seiner Kalligraphenwerkstätte zwei prächtige Handschriften anfertigen ließ. In der Widmung legte Regiomontanus dar, daß er, ohne prahlen zu wollen, ein unsterbliches, ewiges Werk geschaffen habe, da es auf rein mathematischem und unverletzlichem Grund ruhe. Es würde niemals Mängel zeigen. Selbst wenn es nach 1 000 Jahren erneut berechnet werden sollte, würde es wieder so aussehen wie jetzt. Regiomontanus hat sein großes Werk nicht überschätzt. Es erschien in mehreren Auflagen. Der Wunsch nach *ewigem* Gebrauch der *Tabula primi mobilis* aber ging nicht in Erfüllung. Die dann aufkommenden Logarithmentafeln brachten eine erneute Erleichterung für die Rechner, so daß Regiomontans Werk nicht mehr gefragt war.
Nun hatte der ungarische König Regiomontanus in seinen Humanistenkreis nicht nur aufgenommen, um einen hervorragenden Astronomen zu fördern. Die Hauptaufgabe des Königsberger Magisters sollte es sein, die königliche Bibliothek aufzubauen und zu ergänzen. Die Wahl fiel auf Regiomontanus, weil er ausgezeichnete Griechischkenntnisse vorzuweisen hatte. Auch wollte man ihm die Möglichkeit bieten, seine Fähigkeiten als Instrumentenmacher einzusetzen [5, S. 247].
Matthias Corvinus hatte den Ehrgeiz, in seinem neuen Schloß in Buda eine Büchersammlung einzurichten, die alle Bibliotheken italienischer Fürsten in den Schatten stellen sollte. Er holte italienische Künstler ins Land, die kunstvolle Abschriften berühmter Werke anfertigten. Die Sammlung kam schließlich auf weit über 1 000 Handschriften klassischer, syrischer und hebräischer Schriftsteller. Zum Bestand gehörte Peuerbachs Planetenlehre, selbstverständlich auch der von Peuerbach und Regiomontanus

bearbeitete *Auszug* aus dem Handbuch des Ptolemaios, Regiomontans *Tabulae directionum* und seine *Tabula primi mobilis*. Die *Bibliotheca Corviniana* wurde in Europa berühmt durch die Pracht der Einbände und durch die außerordentliche Ausschmückung mit Miniaturmalereien.

Im Bestand der Bibliothek befand sich auch Trapezunts Übersetzung der *Syntaxis* des Ptolemaios, die in Italien heftig umstritten und von Papst Nikolaus V. abgelehnt worden war. Nachdem Georg von Trapezunt (Georgios Trapezuntios) mit seinen Werken in Italien nicht mehr ankam, wandte er sich an den ungarischen König. Er widmete ihm seine *Erklärung zum Handbuch des Ptolemaios* und beklagte sich darin über die Behandlung, die ihm in Rom widerfahren sei. Diese Arbeit Trapezunts bekam Regiomontanus von Matthias Corvinus zur Begutachtung vorgelegt.

Die Vorfälle um Trapezunt 1451 in Rom waren dem Königsberger Magister natürlich bekannt, der Streit mit Bessarion noch in bester Erinnerung. Er wußte auch um den Vorwurf, Trapezunt hätte weite Teile der *Erklärung* von Theon (griech. Mathematiker aus Alexandria um 380 n. Chr.) abgeschrieben und selbst beim Abschreiben gravierende Fehler gemacht. Regiomontanus verfaßte eine Schrift zur Verteidigung Theons und ging dabei mit Trapezunt nicht gerade feinfühlig um. Anhand der klassischen Schriftsteller widerlegte er den Griechen und gebrauchte in seiner Schrift die Anrede: *An Trapezunt, den unverschämtesten und bösesten Schwätzer*. Dem König empfahl er, *dieses von Dummheiten strotzende Werk* abzulehnen [126, S. 112 f.].

In der Widmung zu seiner *Tabula primi mobilis* hatte Regiomontanus den König auf die Türkengefahr hingewiesen, die Matthias in seiner, in dieser Beziehung nicht sehr weitsichtigen Politik offensichtlich unterschätzte. Als die *Heiden* (Türken) dann 1526 die Ungarn bei Mohatsch besiegten und die Hauptstadt nach Preßburg verlagert werden mußte, wurde im 16. Jahrhundert auch Buda Opfer des Krieges. Die *Bibliotheca Corviniana* wurde 1541 von den Eroberern des Schlosses geplündert und ein großer Teil der Kostbarkeiten nach Istanbul (Konstantinopel) verschleppt. Dabei ist eine Arbeit Regiomontans verschollen, die für die ungarische Kartographie einige Bedeutung hatte. Sie enthielt nämlich Resultate der von ihm in Gran und Buda 1467 ausgeführten Positionsbestimmungen. Da die ungarische Regiomontanusforschung erst nach 1950 einen gewissen Aufschwung erlebte, konnte bisher nicht erforscht werden, für wieviel Städte in Ungarn Regiomontanus seinerzeit tatsächlich die geographischen Koordinaten der auffallendsten Punkte (Türme u. a.) festgelegt hatte. Das wäre letztlich nur anhand des Originals genau nachprüfbar. Lazarus Rosetus, Domherr in Gran, verfügte allerdings über Regiomontans Koordinaten, die es ihm ermöglichten, die erste brauchbare Ungarnkarte anzulegen [5, S. 243 ff.].

Der Gerätemacher

Regiomontanus hatte bereits 1457 in Wien ein Astrolabium hergestellt, das als Vorbild für andere Astrolabien diente. Ein mit schönen Verzierungen versehenes Astrolab fertigte er während seines Italienaufenthalts an und widmete es dem Kardinal Bessarion. Das Bild unterhalb der Halterung soll ein Selbstbildnis Regiomontans sein. Die Reisesonnenuhr für Papst Paul II. ist schon erwähnt worden. Die bei der Anfertigung des kleinen Zeitmessers gezeigte Geschicklichkeit setzte Regiomontanus bei der Herstellung der Astrolabien natürlich voll ein. Deswegen waren seine Geräte so begehrt, daß auch Kurfürst Friedrich von Sachsen um 1512 für seine Bibliothek ein Astrolabium ankaufen ließ: *Ein großes messingenes Astrolab mit drei Einlegescheiben für verschiedene Breiten, vorzüglich verfertigt und mit italienischen Buchstaben* (=Antiqua) *bezeichnet durch Magister joh. de monte Regio für den König von Ungarn.*

Das 1468 ebenfalls in Ungarn konstruierte und später nach

Nürnberg mitgeführte Astrolabium war nicht so verziert wie die anderen, hatte aber dafür nach Zinner eine *bemerkenswerte Neuordnung* im Spinnennetz. Die Weiterentwicklung bezog sich auf die stereographische Horizontalprojektion, worüber noch zu berichten sein wird.

Für den Erzbischof Vitéz baute Regiomontanus ein Gerät *zur Erlernung der Lage der drei Hauptkreise Horizont, Äquator und Tierkreis und zum Einstellen eines Gestirnes gemäß seiner Länge und Breite.* Diese Art von Geräten nannte man *Türkengerät,* eine Ableitung von *Turketus,* wie das Gerät vom Erfinder Franco 1284 genannt worden ist, wahrscheinlich im Gedenken an den Türken (oder Araber) Dschabir, der den Bau eines solchen Gerätes angeregt hatte. Im 15. Jahrhundert kam die Bezeichnung *Torquetum* auf. 1469 verfaßte Regiomontanus eine Schrift über das *Türkengerät* und überreichte es nebst der Beschreibung dem Erzbischof. Dem König Matthias widmete Regiomontanus eine Abhandlung über den Dreistab, *Regula Ptolemaei* oder *Triquetrum* genannt. Darin erläuterte er den Gebrauch zur Messung der Höhe und Entfernung eines *unerreichbaren Gegenstandes* (Türme oder Mauern). Später wurde der Dreistab nicht nur zur Geländemessung, sondern auch zur Messung der Gestirnshöhen verwendet.

Eine vollständige Übersicht, was Regiomontanus in Ungarn alles an Schriften verfaßt und an Geräten konstruiert hat, läßt sich nicht mehr erstellen. Sicher ist, daß er weit mehr geschaffen hat, als bis heute bekannt ist, und daß sein Aufenthalt in Ungarn Nachwirkungen zeigte. Sein Einfluß ist deutlich an den Geräten erkennbar, die Martin Ilkusch 1494 der Krakauer Universität vermachte. Auch der geschickte Handwerker Hans Dorn, der nach Regiomontanus an den ungarischen Hof kam, führte Regiomontans Arbeiten fort. Als hervorragender Hersteller metallener Geräte verwendete er manche Anregung des Königsberger Magisters. Regiomontanus hat in Ungarn eine Reihe von Beobachtungen durchgeführt. Schöner überlieferte allerdings nur drei Beobachtungen. Es sind Ortsschätzungen von Mars und Jupiter am

28., 29. April 1468 und am 15. März 1471. Allein bei der letzten Beobachtung war als Beobachtungsort Gran angegeben. Daraus ist zu schließen, daß sich Regiomontanus im März 1471 in Gran aufgehalten hat, um sich von Erzbischof Vitéz zu verabschieden [126, S. 113 ff.].

Bei der Überreichung des monumentalen Tafelwerkes über die *oberste himmlische Bewegung,* der *Tabula primi mobilis,* die u. a. auch Kepler benutzte, hatte Regiomontanus gegenüber dem König ein programmatisches Bekenntnis abgelegt: Er sehe seinen *Lebensauftrag* darin, die im Laufe der Zeit entstellte Astronomie durch Vergleiche der Bewegungen am Himmel mit den Berechnungen der Gelehrten des Altertums zu reformieren, also ... eine Erneuerung der Astronomie herbeizuführen und so *zum Kern der Wahrheit vorzudringen.*

Spätestens in der ersten Märzhälfte 1471 fand eine Unterredung mit König Matthias Corvinus statt, die eine aus Italien eingetroffene astrologische Vorhersage für 1471 zum Anlaß hatte. Diese Vorhersage war erkennbar so irrig, daß heftige Vorwürfe pauschal gegen alle Vertreter der Sternkunde erhoben wurden. Regiomontanus erklärte der Hofgesellschaft, daß die Sternkunde noch nicht soweit sei, um die Bewegung der Planeten genau zu kennen und daher Vorhersagen unzulänglich bleiben müßten. Die Planetenbewegungen müßten genauer untersucht und erforscht werden. Das könne aber in Ungarn nicht geschehen, weil er geeignete Helfer brauche. Er nannte Christian Roder aus Erfurt als den Einzigen, der für eine solche Aufgabe geeignet sei. Matthias Corvinus erkannte, mit welcher Hingabe Regiomontanus seinen *Lebensauftrag* zielbewußt verfolgte und sah in dem Königsberger Gelehrten den Mann, der in der Lage sein würde, die Sternkunde zu erneuern. Das zu fördern, war das Anliegen des größten Renaissancekönigs, den Ungarn je vorgebracht hat. Mit einer reichen Geldausstattung ließ er Regiomontanus nach Deutschland ziehen [126, S. 112, 123].

Auffällig ist der Zeitpunkt, den Regiomontanus zur Abreise

wählte. Wie 1465 in Italien, verließ er Ungarn zu einer Zeit, in der höchste politische Spannungen seine Arbeit zu gefährden drohten. Wollte er sich dem entziehen? In Italien war es der Humanistenstreit zwischen Papst Paul II. und Kardinal Bessarion, bei dem sich unabsehbare Folgen anbahnten. Ähnliches zeichnete sich in Ungarn ab. König Matthias I. Corvinus war zweifellos ein fortschrittlicher Herrscher, der aber sein Land streng regierte. Er baute nicht nur seine Residenz in Buda aus, sondern wollte Ungarn auch zu einer geistigen Erneuerung führen. A. Bonfini, der Hofhistoriograph, vermerkte, daß Matthias begonnen hätte, die *Skythen* (Ungarn) italienische Sitten zu lehren. Das behagte den Ungarn genauso wenig, wie die Besetzung wichtiger Ämter durch Ausländer [11, S. 259]. Die alteingesessene Adelsschicht opponierte, zumal unerträglich hohe Steuern schonungslos erhoben wurden, um die Politik des Königs zu finanzieren. Auch Erzbischof Vitéz war mit dieser Art des Regierens nicht einverstanden. Seit 1470 kam es zu einer Entfremdung zwischen Matthias und Vitéz. Der Erzbischof beteiligte sich dann an einer Verschwörung gegen den König. Vitéz wurde abgesetzt und zeitweilig gefangengenommen. Infolge der Aufregung starb er am 9. August 1472. Das alles brauchte Regiomontanus nicht mehr mitzuerleben. Er hatte bereits im Frühjahr 1471 Ungarn in Richtung Nürnberg verlassen.

Abb. 21: Matthias I. Corvinus, König von Ungarn (1458 - 1490). Bedeutender Renaissancefürst

In der Reichsstadt Nürnberg

Der Brief an den Erfurter Roder

Am 2. Juni 1471 war Regiomontanus bereits in Nürnberg tätig, denn er beobachtete an diesem Tag eine Mondfinsternis [108, S. 267]. Er arbeitete, wie wir wissen, für den König von Ungarn; dafür wurde er bezahlt. Erasmus Reinhold berichtete von einem großzügig bemessenen Jahresgehalt von 200 ungarischen Goldgulden. Ob die Höhe des Betrages richtig überliefert wurde, ist nicht so wesentlich. Man kann auf jeden Fall davon ausgehen, daß Matthias Corvinus den Königsberger Gelehrten wahrscheinlich bis zu seiner festen Wohnsitznahme in der fränkischen Metropole reichlich entlohnte.

Das war ein Grund, nach dem Eintreffen in Nürnberg unverzüglich mit der Arbeit zu beginnen. Der Partner, den Regiomontanus gewinnen wollte, war Magister Christian Roder, der in dieser Zeit Rektor der Hochschule in Erfurt war. Am 4. Juli 1471 schrieb er dem Erfurter einen Brief, dessen Inhalt von außerordentlicher Bedeutung ist. Darin wird nämlich nicht nur berichtet, was Regiomontanus in letzter Zeit erlebt hatte, und es werden nicht nur die üblichen Fachaufgaben gestellt. Regiomontanus faßte in diesem Brief auch, und das scheint das wesentliche zu sein, alles das zusammen, was ihn bewegte oder beschäftigte. Wir lernen seine Gedankengänge kennen und seine Ziele, die er anstrebte.

Der Brief kann nur gekürzt wiedergegeben werden. Die mathematischen Aufgaben sind ausgelassen, weil sie durch andere Autoren bereits aufgearbeitet sind. Die Lücken sind nicht eigens gekennzeichnet. Der gekürzte Text ist mit den darin gemachten Aussagen dennoch so interessant, daß er einen Eindruck vermitteln kann, wie Regiomontanus Roder für die neue Aufgabe begeistern wollte.

IX.
Regiomontan an Christian Roder

Johannes von Königsberg an Magister Christian,
den hervorragenden Mathematiker
S. D. P.

Wenn Du Dich wunderst, hervorragender Mann, über diesen unerwarteten und von einem Unbekannten geschriebenen Brief, so vernimm mit wenigen Worten den Grund, der mich zum Schreiben veranlaßt hat. Als ich neulich bei meinem Herrn, dem König, und den Vornehmen von Ungarn weilte, wurde mir etwas von einer aus Italien kommenden Prophezeihung ... zugetragen, wobei ein so vielfacher wie offensichtlicher Widerspruch zu erkennen war, daß die Verfasser gleichsam nach Verabredung gegenseitig sich zu widersprechen schienen. - Jene Fürsten aber in ihrer Verblüffung, obwohl sie vorher von einer erstaunlichen Begeisterung für die astronomische Wissenschaft erfaßt waren, fingen zu fragen an, ... woraus ein so großer und so allgemeiner Irrtum entspringe. Ich aber, gezwungen unvorhergesehen zu antworten, gab als Grund für einen derartigen Irrtum die alten Codices an, die entweder weniger gut überliefert oder ungeschickt ausgelegt worden seien. - Schließlich seien die Bewegungen der Sterne in unserer Zeit nicht hinreichend durch Beobachtungen zuverlässig erforscht, was ich durch sehr viele nicht nur eigene, sondern auch durch fremde Beispiele bekräftigte und besonders durch die berühmter Männer. Die falsche Vorstellung ... bei den Gestirnen nahm ich selbst wahr, wobei ihr Verschwinden sich anders durch Berechnungen und anders durch Betrachtung darstellte. Damit nicht den jüngeren Zeugnissen die Glaubwürdigkeit abgesprochen werde, führte ich den Albategnius (Anm.: al-Battani, um 900 n. Chr., größter arab. Astronom) *an, der die beiden Mondfinsternisse am Himmel anders wahrnahm, als sie durch die Berechnungen des Ptolemäus ermittelt wurden.*

Regiomontanus führt dann aus, daß anhand der jetzt zur Verfügung stehenden Tafeln die Himmelsvorgänge nicht genau erkannt werden können und daß jedes astrologische Urteil unsicher sein werde.

Dies und vieles andere habe ich mit ihnen durchgesprochen, damit ich diese hochedle Kunst der Astronomie vor den Ungerechtigkeiten der Unerfahrenen in Schutz nähme. Das Ende dieses ganzen Gesprächs tendierte dahin, daß, wenn die Bewegungen der Sterne nicht von neuem erforscht würden, diese Wissenschaft keine Dauer haben könne. Als ich mitteilte, daß ich mich schon lange rühme, bestimmte Grundlagen der Astronomie wiederherzustellen, daß aber diese Aufgabe für einen einzelnen Menschen allzu schwer und nahezu unerfüllbar sei, daß vielmehr die Unterstützung vieler Beobachter nötig sei, .. da erkundigten sich jene nicht mehr nach der Ursache dieser Krankheit, sondern nach dem Heilmittel, wo denn Studierende für solche Lehrgegenstände gefunden werden könnten. Ich habe geantwortet, daß sehr viele Halbwisser der

Astronomie allenthalben in Erscheinung treten. Wer aber in dieser und den anderen mathematischen Wissenschaften bewandert sei, besonders in Deutschland, da gebe es außer dem Magister Christian aus Erfurt niemanden. Auf diese Weise hieß mich mein Gewissen zu antworten. Viel habe ich über Deine Vorzüglichkeit sowohl von all den zahlreichen anderen, die aus Erfurt kamen, als auch von dem Bruder Aquinus mit Vergnügen erfahren, und es fehlte auch nicht das Zeugnis Johannes Keller, meines Landsmannes, der nicht nur Deine Gelehrsamkeit, sondern auch Deinen Charakter und die Unbescholtenheit Deines Lebenswandels gar sehr zu loben pflegte.

Aquinus Dacus war ein Mathematiker, der in der Mitte des 15. Jahrh. in Deutschland herumreiste, um gegen Bezahlung die Algebra zu lehren. Wer dieser Deutsche Johannes Keller war, ließ sich nicht klären. Er muß jedenfalls auf irgend eine Weise mit Erfurt in Verbindung gestanden und Regiomontanus vielleicht in Italien oder Ungarn getroffen haben.

Darum wurde mir alsbald der Auftrag erteilt, daß ich mit Deiner Hilfe die schon früher übernommene Aufgabe mit Genuß bearbeite. Öffne, ich bitte Dich, die Pforten Deines Wohlwollens. Als einen neuen Freund, nimm Johannes auf, der unter Hintenansetzung der häuslichen Gemeinschaft mit vielen Fürsten mit einem einzigartigen Patronus zufrieden sich zur Stadt Nürnberg zurückzog, damit ich, Dir näher, mit Dir bequemer und früher forschen kann. Überlassen wir es den anderen, das Toben des Krieges zu bändigen. Wir aber wollen, unserer Art gemäß, zwar nicht wie üblich, im reiterlichen Wettkampf, sondern vielmehr durch beharrliches Lesen von Büchern dienen. Unsere Waffen sollen nicht der Kampfriemen (der Faustkämpfer), nicht Speere, noch Rammböcke oder Wurfmaschinen sein, sondern die Geräte des Hipparch und des Ptolemäus, die ich schon aus getriebenem Erz ansehnlich groß und zur Himmelsbeobachtung höchst geeignet konstruiert habe. Daß Du bei diesem heißen Kampf, sei es als bester Führer, sei es als Mitstreiter dabei sein mögest, das möchte ich wünschen. Die Last dieser wahrlich höchst mühevollen Aufgabe lastet schon auf meinen Schultern. Ich für meine Person versuche, ... alle mathematischen Bücher in knapper Aufzeichnung niederzuschreiben, damit nicht nachher von Fehlern strotzende Exemplare noch so scharfsinnige Leser abstumpfen. Keine Bücher haben in der Tat diese Aufgabe des Schreibens mehr nötig als die mathematischen, da sie ja infolge des Mangels an Bezeichnungen einzelne Buchstaben dazu benützen, um bestimmte Dinge zu bezeichnen, und deshalb der Fehlerhaftigkeit sehr ausgesetzt sind. Was soll ich über die astronomischen Rechenbretter sagen? Sobald ein einziges Zeichen, sei es ausgelassen oder versetzt oder auf eine beliebige Weise verfälscht wird, dann muß notwendigerweise die ganze Seite ins Wanken geraten. Ich möchte den Tag nicht allzu sehr mit der weissagenden Astrologie vergeuden. ... So halte ich dies eine für mehr schmerzlich als hinnehmbar, daß heutzutage Astronomen allgemein als hervorragend bezeichnet werden, die gelernt haben, die

Berechnung der Himmelsbewegungen wie auch immer vorzutragen, die gewöhnlich die Astronomie in einer Hütte, nicht am Himmel betreiben. Aber diese Leichtgläubigen verehren allzu sehr die Alfonsinische Rechentafel, als ob sie vom Himmel gefallen sei, während doch nirgends ihre Methoden offenkundig sind, weshalb er sie sehr oft verändert hat, und weil er dem Himmel eine doppelte Bewegung der Gestirne abgenötigt hat, weil sie der Exzentrizität der Sonne und vielem anderen eine andere Deutung geben. - Das, ausgezeichneter Mann, erwähne ich - so Gott mich lieben möge - nicht aus Neid; denn es ist mir nicht entgangen, daß gemäß der Mahnung des Aristoteles Irrtümern Nachsicht gewährt werden muß. Wenn Du irgendwelche Sternbeobachtungen oder Beobachtungen der Himmelsbewegungen oder Verfinsterungen beider Gestirne irgendwann schriftlich niedergelegt hast, dann sorge dafür, ich bitte Dich, daß sie mir mitgeteilt werden. Denn wenn diese mit den meinen verglichen werden, dann wird, wie ich hoffe, etwas zu Tage befördert, was dazu beitragen kann, die astronomischen Berechnungen zu berichtigen. Wenn Du aber die meinigen dagegen wünschest, werde ich Dir die zukommen lassen, die ich während meines Wiener Studienaufenthalts gemeinsam mit meinem Lehrer zusammengeschrieben habe, und die ich in Rom im Hause meines Herrn, des Kardinals Nicenus, und in Padua und schließlich im Königreich Ungarn und erst kürzlich in der Stadt Nürnberg angestellt habe und weiterhin anstellen werde. Denn diesen Wohnsitz habe ich mir für immer auserwählt, einerseits wegen der Tauglichkeit der Instrumente und am meisten der astronomischen, durch die die Wissenschaft der gesamten Sternkunde begonnen wird, andererseits weil der allgemeine Verkehr mit den gelehrten Männern, wo auch immer sie leben, leichter zu bewerkstelligen ist, weil dieser Ort wegen des Ausschwärmens der Kaufleute gleichsam als Mittelpunkt Europas gilt. - Denn, wenn wir auch bezweifeln, daß unsere Lebenszeit ausreichen wird, die gesamte Wissenschaft wieder herzustellen, so muß man es doch entsprechend seinen Kräften versuchen, der Wahrheit etwas nahe zu kommen, damit sie uns nicht beschuldigen können, wir hätten unser Leben in müßigem Nichtstun verbracht. Es kann eigentlich hinsichtlich der Astronomie und der anderen neutralen Wissenschaften nicht verwunderlich sein, wenn sie gelegentlich etwas lahmen; die einzelnen gehen zwar auf zwei Beinen einher, das eine gestreckt, das andere aber gedreht. Von den extremsten Wissenschaften pflegt meist eine irgend etwas Unsicheres zu bringen. Selbst die vornehme Mathematik scheint nicht nur einer mittelmäßigen Reinigung zu bedürfen.
Man schämt sich in der Tat, die Bemühungen des Campanus (Mathematiker aus Novara ca. 1220 - 1296) *zu beurteilen, mit denen er vergeblich versucht, die Lehrsätze des fünften Bandes der Elemente aufrechtzuerhalten. - Menelaus schneidet sich schließlich selbst mit dem eigenen Schwert die Kehle durch, wenn er den Theodosius berichtigen will. Nikolaus von Cues aber, der Kardinal, ein lächerlicher Mathematiker, ein Nacheiferer des Archimedes, was für gewaltige Possen hat er zu unserer Zeit herbeigeführt? Er, der ja eine Unmenge Lächerliches über die Quadratur des Kreises herausgegeben hat, die sich nur auf gewisse Empfehlungen des Lullus stützen* (Raimundus Lullus: *De quadratura et triangulatura cirkuli*). *Dies Wenige über den Fehltritt der Mathemati-*

ker berührt zu haben, mag genügen, nachdem ich anfänglich keineswegs vorhatte, über Dinge dieser Art zu schreiben. Wenn die Gesprächsform Deine Zustimmung findet, die ich in Italien gegenüber Johannes Bianchini, einen in der Mathematik äußerst geschulten Greis, und gegenüber anderen höchst würdigen Männern gebraucht habe, dann will ich gerne mit Dir in dieser Form der Unterredung diskutieren. ... Der Anfang soll also mit Astronomischem gemacht werden.

Es folgen astronomische Probleme.

Das möchte ich aber noch wissen: Hast Du in Deiner Bibliothek, die, wie ich höre, vollgestopft ist mit seltenen Büchern, etwas über die Gleichwertigkeit der Festkörper, woraus diese höchst subtile Wissenschaft "de re et censu" erweitert werden könnte? Und wenn diese Geometrie nicht bei Dir ist, so wirst Du doch diese eine Gefälligkeit erweisen können, daß Du mir die Inventarliste der dortigen Bibliothek möglichst schnell schickst, die reich ist an sehr vielen mathematischen Codices, deren Vorsteher, wie ich erfahren habe, Du bist.

Regiomontanus kannte somit die *Amploniana*. Die berühmte Bibliothek war 1412 der Universität Erfurt gestiftet worden. Ihr Grundstock bestand aus der Handschriftensammlung des 1393 promovierten ersten Erfurter Doktors der Medizin Amplonius Ratingk d. Ä. aus Bercka (1363 - 1435).

Ich habe von Anfang an im Sinn gehabt, einen Brief, nicht ein kleines Buch an Dich zu schreiben; aber das Ungestüm meiner Zuneigung hat den Faden der Rede weiter gesponnen. Wenn übrigens in Eurer höchst bedeutenden Studienanstalt noch andere Männer sind, die sich mit Mathematik befassen, dann mögen sie mir, ich bitte Dich, bekannt werden. Ermuntere, bitte, die ziemlich matten Geister, damit wir mit einmütiger und kluger Forschung unsere hochverdienten Wissenschaften aufrichten. Mir jedenfalls ist nichts daran gelegen, daß in dieser so mühsamen und so sehr nützlichen Aufgabe ich als Diener oder als Schüler eingesetzt werde, ... wenn nur für das literarische Gemeinwesen irgendein Nutzen herauskommt. Und damit es nicht an Preisen im Wettkampf fehle, habe ich auch ein Goldgeschenk, das ich aussetzen werde, beschlossen. Ich verspreche, daß ich nämlich jedem beliebigen, der sechs bestimmte - ich sage nicht welche - vorgeschriebene Probleme löst, für jedes einzelne guten Glaubens je zwei ungarische Goldstücke geben werde.
Leb wohl und sei glücklich (aus Nürnberg am 4. Juli im Jahre Christi 1471).

In dem Brief an Roder fällt auf, daß Regiomontanus Kardinal Nikolaus von Cues heftig attackierte. Natürlich ist zu sehen, daß es sich dabei um einen Privatbrief handelte, der für eine Veröffentlichung nicht bestimmt war. Bei einem Druckwerk wären die Äußerungen über den Kardinal wohl mäßiger ausgefallen. Dennoch bleibt eine Kritik stehen, die eine Vorgeschichte hatte.

Nikolaus Krebs, geboren 1401 in Kues bei Bernkastel an der Mosel - gestorben 1464 in Todi bei Spoleto, studierte in Heidelberg Philosophie und in Padua Kirchenrecht. Der *Doktor decretorum* suchte die Freundschaft von Naturwissenschaftlern und Mathematikern und eignete sich auf diesem Gebiet ein hohes Fachwissen an. 1432 war Nicolaus von Cues Mitglied des Konzils von Basel. 1437 trat er in päpstliche Dienste und verteidigte auf den Unionsverhandlungen, zu denen er die Vertreter der griech.-orthodoxen Kirche 1438 nach Florenz geführt hatte, die Rechte des Papsttums. 1448 wurde er Kardinal, 1450 (Fürst-) Bischof von Brixen [38, S. 185].

Kardinal Cusanus war mit Kardinal Bessarion befreundet. Er sandte ihm mathematische Schriften, die Bessarion dem in seiner Begleitung befindlichen Regiomontanus zur Kenntnis gegeben haben wird. Vielleicht stammten einige Cusanushandschriften, die Regiomontanus besaß, von Bessarion. Über die freundschaftliche Verbindung zwischen Cusanus und Georg von Peuerbach berichtete Gassendi [25, S. 519, 523 ff.]. Aus einem Brief Toscanellis an Cusanus ist der Vermerk zu entnehmen: *Dieses Schreiben möge unserem treuen, verehrten und lieben Magister Georg Peurbach, dem Astronomen, gegeben werden.* Peuerbach bat Regiomontanus, zu den Rektifikationsversuchen des Cusanus kritisch Stellung zu nehmen, weil ihm an der cusanischen Beweisführung Zweifel gekommen waren. Trotz mühevoller Berechnungen kam der Königsberger Magister zu keinem Ergebnis. Das unvollendete Manuskript wollte er in Nürnberg fertigschreiben und unter dem Titel *De quadratura circuli contra Nicolaum Cusensem* drucken lassen. Dazu ist es nicht mehr gekommen.

In der Mitte des 15. Jahrhunderts dürfte Regiomontanus der beste Kenner der mathematischen Schriften des Cusanus gewesen sein [84, S. 87 f.]. Er war somit ein kompetenter Kritiker der mathematischen Werke des Kardinals. Dessen Bemühungen, philosophische Gedankengänge in die Mathematik einzubringen, stand Regiomontanus jedoch mit großer Skepsis gegenüber. Regiomontanus sprach einmal im Zusammenhang mit einer Arbeit des Cusanus von der Nichtabschließbarkeit des menschlichen Wissens, in der einerseits die Unendlichkeit Gottes, andererseits die Grenzen wissenschaftlichen Tuns erfahren werden. Das menschliche Wissen werde nie, so sehr es auch voranschreiten mag, denjenigen Grad der Vollkommenheit erreichen, der allein Gott zukommt. Jede erreichte Erkenntnis würde nämlich sofort über sich hinaus auf ein neues Wissensziel weisen, so daß eine nie abbrechende Kette von immer neuen Erkenntnissen entsteht. Der göttlichen *perfectio* stehen somit die *gradus perfectionis* des Menschen gegenüber, dessen *anima rationalis* immer nur diskursiv voranschreiten, nie aber intuitiv erfassen kann. Cusanus hat diese Erfahrung im Gegensatz zu Regiomontanus in eine positive Erkenntnislehre eingebaut.

Bei der Frage der Kreisquadratur unterscheidet sich die Ausgangsposition des Cusanus ganz wesentlich von der des Regiomontanus, wenn beide auch *den Punkt* als das gemeinsame Erzeugungsprinzip der geraden und der krummen Linien ansehen. Regiomontanus geht davon aus, daß alle Linien, seien sie gerade oder gekrümmt, Gebilde von derselben Art sind. Danach sind Kreisbögen und Gerade nicht verschieden, sondern gleichartig. Auf Grund dieses Satzes hält Regiomontanus das Problem der Kreisquadratur (rein theoretisch) prinzipiell für lösbar. Wenn nämlich gradlinige und krummlinige Gebilde gleichartig sind, dann sind sie auch miteinander vergleichbar und alle glatten Kurvenbögen müßten sich in gleichlange gerade Strecken verwandeln lassen. Insbesondere ist dann auch der Kreis rektifizierbar, eine Möglichkeit, die mit jener der Quadratur identisch ist. Cusanus dagegen folgt der Schule des Aristoteles, auf den er sich ausdrücklich beruft: *Gerades und Gekrümmtes sind inkommensurabel.* Regiomontanus war vollkommen irritiert und enttäuscht, weil Cusanus trotz dieser, seiner Auffassung nach falschen Voraussetzung dennoch die Rektifikation von Bögen versuchte.

Doch Cusanus erdachte sich eine philosophische Konstruktion, um dem Dilemma zwischen der Lehre des Aristoteles und der Auffassung Regiomontans zu entgehen. Cusanus vertrat zwar die Auffassung der meisten Mathematiker des Mittelalters, Gerades und Krummes seien einander entgegengesetzt, doch gelte das, so meinte er, nur im Geltungsbereich von *sensus* und *ratio*. Daneben gäbe es aber noch den *intellectus*, der in einem höheren Erkenntnisvermögen alles verbindet. Was vor der *ratio* als getrennt und entgegengesetzt erscheint, werde auf der Stufe des *intellectus* verbunden. Das Gesetz des Widerspruchs, das die *ratio* beherrscht, sei im Bereich des *intellectus* aufgehoben [84, S. 90 ff.]. Cusanus war davon überzeugt, daß er mit seiner Theorie die Rektifikation des Kreises und damit auch dessen Quadratur auf der Stufe des *intellectus* möglich machen könnte, was durch die *ratio* bisher unmöglich erschien. Die für die *ratio* unüberwindlichen Gegensätze im Unendlich-Kleinen zum Zusammenfall zu bringen, würde der Mathematik Bereiche erschließen, vor denen sie zuvor kapitulieren mußte. Die Hoffnung des Cusanus allerdings, durch seine *Kunst der Koinzidenzen* eine Vollendung der Mathematik herbeizuführen, ging eben rechnerisch nicht auf. Daher warnte Regiomontanus jeden: Bevor man sich den neusten Behauptungen des Cusanus zuwende, sollte man *seine* Kritik studieren, deren Beweise die Wahrheit aufzeigen und nicht von ihr wegführen würden.

Regiomontanus konnte die cusanische Theorie schon deshalb nicht anerkennen, weil die Aufhebung des Widerspruchgesetzes einen der logischen Grundpfeiler der klassischen Mathematik zum Einsturz gebracht hätte. Er beurteilte die Arbeit des Kardinals ganz kühl nach ihrem Resultat und nach Archimedes, und zwar nach dessen *bekannter Ungleichung für die Zahl* π. Die schlechten Resultate des Cusanus, die der archimedischen Ungleichung nicht genügten, verwarf er. Vom fachmathematischen Standpunkt aus hatte Regiomontanus damit recht. Die Gedankengänge und die mathematischen Überlegungen aber, die Cusanus bei seinen Beweisführungen angewandt hat, hätten nach Nagel eine Kritik Regiomontans in diesem Maße nicht verdient, weil sie durchaus auch fruchtbare Elemente, die ausbaufähig gewesen wären, enthielten [84, S. 93 ff.].

Die Sternwarte

Obwohl Regiomontanus in seinem Brief dem Erfurter Roder angeboten hatte, ihm bei dem Unternehmen die Führungsrolle zu überlassen, ging Roder auf die Einladung nicht ein. Vielleicht fühlte er sich überfordert. Regiomontanus mußte zunächst allein zurechtkommen. Er sah sich in Nürnberg um. Gewiß kannte er die Stadt aus den Erzählungen Bessarions, der, bevor er nach einer Rundreise in Deutschland im Mai 1460 nach Wien gereist war, am 2. März 1460 den Reichstag im Nürnberger Rathaus eröffnet und die Reichsstadt in keiner guten Erinnerung behalten hatte. Die Nürnberger hatten ihn, der mit seinem großen schwarzen Bart wie eine exotische Erscheinung wirkte, als *Fremdling* sehr reserviert behandelt und eine Teilnahme an einem Türkenfeldzug abgelehnt. Es wurde erzählt, daß der Kardinal aus Bosheit und Ärger den Segen in Nürnberg mit der *linken* Hand erteilt habe.

In Ungarn war man über die Verhältnisse in Nürnberg aber wohl besser unterrichtet. Die diplomatischen Beziehungen und das wirtschaftliche Engagement der Nürnberger Unternehmen in den Donau- und Karpatenländern ermöglichten eine gründliche Information am Hofe des Königs in Buda (Ofen) oder am Hofe des Erzbischofs in Gran. Regiomontanus konnte in Ungarn durchaus prüfen, ob Nürnberg für seine Pläne die erwarteten Voraussetzungen bot [108, S. 268, 270].

Für die Sternbeobachtung brauchte er einen Helfer, den er in Bernhard Walther fand. Walther, 1430 in Memmingen geboren und 1504 in Nürnberg gestorben, war Kaufmann und ein Liebhaber-Astronom. 1467 kam er nach Nürnberg. Nach 1471 wurde er Schüler Regiomontans, dann sein treuer Mitarbeiter. Wann die gemeinsame Beobachtungstätigkeit begann, ist nicht überliefert. Aber es ist anzunehmen, daß es, unterstellt man Regiomontans Tatendrang, sogleich geschah, nachdem ihm klar wurde, daß er mit Roder nicht mehr rechnen konnte. Da damit feststand, daß er *für immer* in Nürnberg bleiben werde, beantragte Regiomontanus eine Wohnerlaubnis, die er am 29.11.1471 vom Nürnberger Rat genehmigt erhielt und die zunächst bis Weihnachten 1472 gültig war. Sie hat folgenden Wortlauf: *Item meister hanns von küngsperg astronomo ist vergonnt von den eltern herrn hie zu siczen und zu wonnen von weihen nachten schirst kunftig uber ein jare Actum am fraytag vor andre apostoli.*

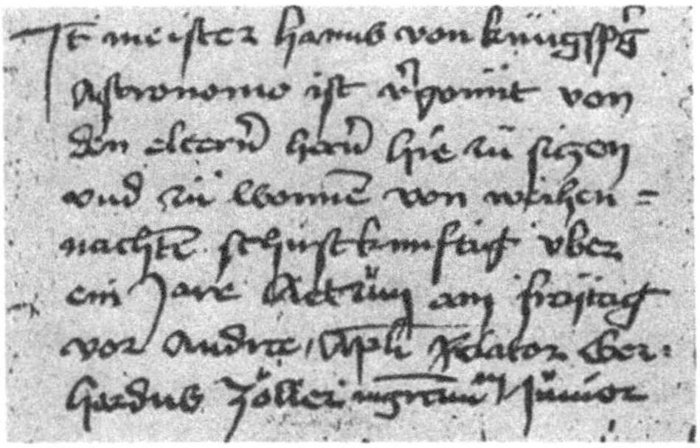

Abb. 22: Zuzugserlaubnis für Regiomontanus; Ratserlaß v. 29.11.1471, unterzeichnet von G. Zöller, jüngerer Bürgermeister

Beim danach folgenden Erwerb der dauernden Bürgerrechte gab es keine Probleme. Regiomontanus konnte ein laufendes Einkommen nachweisen. Selbst als er nicht mehr der Beauftragte des ungarischen Königs war, dafür kann man den Zeitraum ab 1473/74 annehmen, hatte er Einnahmen durch die Abfassung von Schriften, die ihm von den Nürnbergern vergütet wurden [126, S. 129]. Regiomontanus war Bürger der Reichsstadt Nürnberg geworden. Der im Bürgerbuch der Stadt Nürnberg eingetragene *hanns mullner* dürfte der Königsberger Magister sein (StA. Nbg. Ms 505 Rep. 52 b, 145^{v}).

Eine feste Beobachtungsstation richtete er sich nach dem Kauf eines Gebäudes ein. Er erwarb ein Haus in der Vorderen Kartäusergasse und ein Wohnhaus am Hauptmarkt [87, S. 64 f.]. Wo sich Walthers 1. Wohnhaus vor 1486 befand, ist nicht bekannt. Kreß jedoch, der sich auf den Nürnberger Stadtbibliothekar Dr. F. W. Ghillany (um 1850) stützt, gibt an, daß Bernhard Walther, *der Freund Regiomontans*, bereits in den Kinderjahren des Martin Behaim (geb. 1459) das an das Schoppersche Haus angrenzende Anwesen S (Sebalder Stadt) Nr. 19 *eigentümlich besaß und bewohnte* [66, S. 497]. Die Schoppers waren die Schwiegereltern des M.-Behaim-Vaters.

Auf einem seiner Häuser beobachtete Regiomontanus die Himmelsvorgänge. Die Meinungen, ob es sich bei diesem Beobachtungsstand bereits um eine Sternwarte handelte oder ob Regiomontanus die Beobachtungen in der bis dahin üblichen "fliegenden" Weise, d. h. auf Straßen und Fluren, ausführte, gehen auseinander. Auf der einen Seite wird die Einrichtung als erste Sternwarte Deutschlands bezeichnet [63, S. 17], [4, S. 51]; auf der anderen Seite billigte man dem Astronomen Regiomontanus allenfalls eine Beobachtungsstelle zu, weil für den Jakobstab und den Dreistab eine ausgesprochene "Sternwarte" nicht gebraucht wurde [126, S. 168]. Dieser Widerspruch muß geklärt werden:

Dem Erfurter Hochschullehrer Roder teilte Regiomontanus im Schreiben vom Juli 1471 mit, daß er in Nürnberg astronomische Geräte aufgestellt habe. Regiomontanus schrieb: *Unsere Waffen sollen ... sein ... die Geräte des Hipparch und des Ptolemäus, die ich schon aus getriebenem Erz anschaulich groß und zur Himmelsbeobachtung höchst geeignet konstruiert habe.* Es ging also nicht allein um den Gebrauch des Dreistabes, der als größtes Gerät eine Länge von 2,5 m aufzuweisen hatte, den man leicht mitnehmen und an einem beliebigen Ort aufstellen konnte [126, S. 168]. Ansehnliche und riesige Geräte aus Erzguß brauchten dagegen ganz sicher einen festen Standort. Diesen Beobachtungsstand richtete Regiomontanus ein. Das war ein Fortschritt, das war ein Abgehen von der gebräuchlichen *Besenstiel-Astronomie*,

wie eine spätere Generation die damalige Betätigung der Sternkundler etwas herablassend zu bezeichnen pflegte [79, S. 25].
Der Brief Regiomontans ist von allen Autoren, die die Einrichtung einer Sternwarte durch den Magister Johannes von Königsberg in Nürnberg verneinen, m. E. nicht ausreichend gewürdigt worden. Wir können davon ausgehen, daß die Beobachtungen nicht auf der Straße vor dem Wohnhaus erfolgten, wenn man die mittelalterlichen Straßenzustände in Betracht zieht [89, S. 294]. Das Gebäude, in dem die Warte untergebracht war, läßt sich allerdings nicht mehr vorweisen. Aber daraus zu schließen, eine Beobachtungsstation hätte nicht existiert, wäre falsch. Immerhin kann man voraussetzen, daß der erfahrene Astronom wußte, daß ein Dachgeschoß für Sternbeobachtungen am besten geeignet war, zumal er Anregungen aus seiner Wiener Zeit mitgebracht hatte. Gedanken an die Hofburg mit ihrem astronomischen Turm oder das *Collegium ducale* mit dem Torturm werden in Nürnberg ihren Niederschlag gefunden haben [51, S. 111].
Neben der erstmals auftretenden, standortgebundenen Gerätschaft, ganz gleich, wo sie in Nürnberg aufgestellt war, gilt die Arbeitsweise in diesem Beobachtungsstand als ein so wichtiger Hinweis, daß wir Regiomontans Einrichtung bereits als Sternwarte ansprechen können. Johannes Müller ging nach Nürnberg, um durch Beobachtung der Himmelsvorgänge eine neue Grundlage für die Neugestaltung der Sternkunde zu schaffen. Das setzte intensive Beobachtungen voraus mit exakt wissenschaftlichen Auswertungen. Ein solches systematisches Vorgehen war erstmalig im europäischen Raum. Damit begründete Regiomontanus im Abendland die praktische, die beobachtende Astronomie, während die früheren abendländischen Astronomen, auch noch sein Lehrer Georg Peuerbach, von der astronomischen Theorie ausgingen [87, S. 63]. Schon deswegen kann angenommen werden, daß der Königsberger Gelehrte über ein Observatorium verfügte, das diesen neuen Anforderungen entsprach. Bei Regiomontans Warte handelt es sich freilich nicht um eine Sternwarte in unserem heuti-

gen Sinn. Im Haus des Magisters wurde aber immerhin erstmals wissenschaftliche Sternkunde praktiziert, also nicht nur gelegentlich eine Himmelsbeobachtung für astrologische Zwecke durchgeführt. Dadurch erhält Regiomontans Beobachtungsstand in Nürnberg den Rang einer Sternwarte.

Über ihr Aussehen lassen sich nur Vermutungen anstellen. Anbieten würde sich die Nürnberger Eigenart, kleine häuschenartige Aufbauten auf den Dachfirst zu setzen, auch als *Hahnenkämme* oder *Dachhäuslein* bezeichnet. Aktenkundig wurde anfangs des 16. Jahrhunderts ein *Lustgemächlein auf dem Dach* oder später ein *Türmlein oben uff dem Dach*. Die *Hahnenkämme* dienten scheinbar bei besserer Ausstattung nach einer gewissen baulichen Entwicklungszeit als *Lustgemächlein*, wie wir es von einem Fall wissen, in der Regel aber vordem wohl als *Feuerwache*, um vom höchsten Punkt des Daches Ausschau halten zu können, wenn die Feuerglocken läuteten. In einem *Dachhäuslein* könnte sich Regiomontanus mit seinen astronomischen Geräten eingerichtet haben. Die *Hahnenkämme* sind aus der Dachlandschaft Nürnbergs restlos verschwunden [83].

Nicht verschwunden ist der danach folgende Beobachtungsstand von Bernhard Walther im jetzigen Dürerhaus. Die älteste *erhaltene* Sternwarte Nürnbergs wird nach außen sichtbar durch zwei Fensteröffnungen am Südgiebel, die wegen der inzwischen strenger gewordenen Bauvorschriften der Stadt Nürnberg 1502 durch einen Vertrag abgesichert werden mußten. Ob man die Beobachtungsstation Regiomontans als erste deutsche oder als erste Sternwarte im christlichen Europa bezeichnen kann, wie es in der *Chronik der Deutschen* [46, S. 291] zu lesen ist, wurde wiederholt bezweifelt. Astronomen werden möglicherweise die Frage anders beantworten als Historiker. Letztlich wird man aber demjenigen, der eine beobachtende Astronomie forderte, eine festeingerichtete Station zur Beobachtung der Sterne, also eine wissenschaftlich betriebene Sternwarte, nicht absprechen können. Die erste europäische Sternwarte im ausgehenden Mittelalter geht somit auf

Regiomontanus zurück. Es folgte die erste Sternwarte Europas der Neuzeit, die der Astronomen-Landgraf Wilhelm IV. von Hessen-Kassel 1560 in Kassel gründete. Sie war im Stadtschloß in einem Anbau untergebracht. Zum Beobachten diente eine Altane. Die Kasseler Sternwarte verfügte ebenfalls nur über die herkömmlichen astronomischen Geräte, Instrumente in bester handwerklicher Ausführung und zeitgemäß entwickelt. Das Fernrohr kam erst später (1608). Der erste europäische reine Sternwartenbau (1580) war die Uraniborg von Tycho Brahe auf der dänischen Insel Hven im Sund [71, S. 15, 20].

Regiomontanus hat von seiner Sternwarte aus eine Reihe von Beobachtungen durchgeführt. Nachdem er trotz seiner Bitte, ihm zum Vergleich Beobachtungsergebnisse mitzuteilen, von Erfurt keine Unterstützung erhielt, mußte er durch alleinige Himmelsbeobachtungen versuchen, die genaueren Planetenbewegungen zu erforschen. Das Beispiel Regiomontans, die notwendigen Erkenntnisse durch Beobachtung der Himmelsvorgänge während der Nacht zu erarbeiten, veränderte seit dieser Zeit die astronomische Forschung [87, S. 63].

Es wurden in Nürnberg 29 Sonnenbeobachtungen Regiomontans festgestellt. Die Prüfung der Sonnen- und Mondbewegung galt als wichtig. Regiomontanus beobachtete die Mondfinsternis am 2. Juni 1471, errechnete den Abstand einiger Planeten und schätzte den Ort des Mars im Vergleich zu Nachbarsternen. Das ganze Tun diente dem Zweck, die Angaben in den Kalendern und Jahrbüchern nachzuprüfen, um die Ergebnisse für die eigenen Tafeln und Kalender nutzbar zu machen. Regiomontanus legte Beobachtungsbücher an. Im Nachlaßverzeichnis von 1512 sind darin nur noch 3 Bücher aufgeführt, nämlich die Bücher *Observationes, Liber observationum* und *Observationes nuremberg*. Alle anderen Beobachtungsbücher waren vorher verschwunden. Schöners spätere Veröffentlichung der Beobachtungen Regiomontans sind daher lückenhaft [126, S. 167 f., 169].

Am 20 Januar 1472 beobachtete Regiomontanus einen Kometen,

dessen Abstand, Größe und *wahren* Ort er bestimmte. Der Komet, der oft nach Regiomontanus benannt wird, konnte vom 25. Dez. +1471 bis 21. Febr. +1472 beobachtet werden. Toscanelli sah ihn am 8./9. Januar und bezeichnete ihn als "klein". Die Chinesen notierten "am Tage sichtbar". Regiomontanus berechnete den Winkeldurchmesser des Kerns mit 0,2°, Kopf 0,6°. Die Schweiflänge war anfangs gering, in der Erdnähe jedoch 50°. Der Schweif zeigte sich lichtschwach und gegen den Kopf deutlich abgesetzt. Aus Anlaß des Regiomontanus-Symposiums 1976 in Wien gelang dem Wiener Planetarium eine eindrucksvolle Demonstration. Das Instrumentarium war auf den Beobachtungstermin +1472 Jan. 20 julianisch, 22^h Ortszeit von Nürnberg eingestellt. Der Regiomontanus-Komet wurde am nachgebildeten Himmel des Planetariums sichtbar gemacht [82, S. 368 f.].

Regiomontanus verfaßte die bedeutende Kometenschrift *De cometae magnitudine longitudineque ac de loco eius vero problemata XVI*, Nürnberg 1472, die Johannes Schöner 1544 veröffentlichte. In dieser Schrift werden die Berechnungen von Größe, Abstand und *wahrem* Ort des Kometen gelehrt. Es gab aber noch einen zweiten Druck, nämlich den von Jakob Ziegler, der in der Schrift *Joannis de Monte Regio libellus de Cometa* 1548 den Lauf des Kometen und die abgeleiteten Werte für Abstand und Größe angibt [126, S. 156].

Die Kometenschrift Regiomontans leitete einen Umdenkprozeß ein. Die Berechnungen des Astronomen in Nürnberg zeigten, daß Kometen zwar auffällige, aber durchaus berechenbare Himmelserscheinungen sind. Sie können nicht als Unheilbringer oder als Unheilkünder angesehen werden, sondern zählen zum normalen Ablauf im All. Sie gehören, so Kepler später, *den himmlischen Regionen an*. Die Behauptung des Aristoteles, Kometen entstünden durch hoch über die Erde hinaussteigende Erdausdünstungen, die durch Sonnenlichteffekte die besondere Gestalt annehmen, war damit endgültig widerlegt [98, S. 255 f.]. Die mittelalterliche Denkweise erhielt einen Anstoß durch Regiomontanus, der auch als Begründer der kometarischen Astronomie zu bezeichnen ist [87, S. 63].

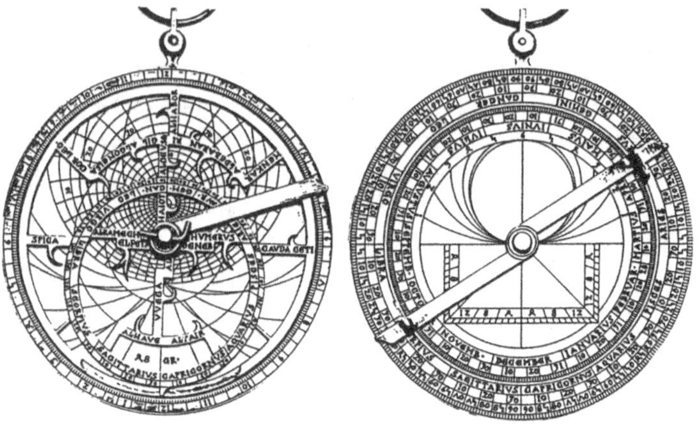

Abb. 23: Kleines gotisches Astrolabium (15. Jahrh.). Die Vorderseite (links) hat drei austauschbare Einlagescheiben für die geographischen Breiten. Die Rückseite weist von außen nach innen Teilungen auf zur Höhenmessung mittels Doppelzeiger u. a.

Werkstatt und Druckerei

Der Entschluß nach Nürnberg zu gehen, bedeutete für Regiomontanus eine Umstellung, deren Ausmaß er sich sicher vorher überlegt haben wird. Es muß in ihm aber etwas vorgegangen sein, was ihn veranlaßte, das Leben eines in bester Gesellschaft lebenden Gelehrten aufzugeben und ein Unternehmen zu starten, das für die damalige Zeit gigantisch war. Gewiß, der Forschungstrieb war schon immer da; das Ziel, die Planetenlehre durch intensive Beobachtung der Himmelsvorgänge zu erneuern, wäre für ihn vielleicht auch in einer weniger mit Alltagssorgen belasteten Umgebung ansteuerbar gewesen. Daneben aber noch ein beachtliches Unternehmen zu gründen, bedurfte einer außergewöhnlichen

Kraftanstrengung, zu der er sich offenbar berufen fühlte. Um seine Geräte und Instrumente selbst anfertigen zu können, richtete er eine Werkstatt ein, die in dem Gebäude an der Vorderen Kartäusergasse in Nürnberg untergebracht wurde. Regiomontanus arbeitete mit den Nürnberger Rotschmieden, Zirkel- und Kompaßmachern zusammen, insbesondere mit dem Drahtzieher Conradus Scherpp, der ihm mehr als alle anderen geholfen haben muß, denn Regiomontanus hat ihn später gut belohnt [126, S. 134], [108, S. 275].

In seiner Nürnberger Kunstwerkstätte wurden von 1471 bis 1475 die verschiedenartigsten Geräte hergestellt: Armillarsphäre, Jakobstäbe, Astrolabien, Sonnenuhren, Reise-, Ring-, Klappsonnenuhren und Sonnenringe. Auch begann Regiomontanus die Konstruktion eines Astrariums. Eine solche planetarische Uhr hatte er in Pavia im Castello des Herzogs von Mailand Visconti II. gesehen und sie, als er 1463 an der dortigen Universität Padua eine Vorlesung hielt, besonders erwähnt. Die Planetenuhr konnte von ihm nicht mehr fertiggestellt werden. Sie gelangte nach 1476 in den Besitz von Conradus Scherpp, der sie ergänzen ließ. Der Uhrmacher Peter Henlein und der Geistliche und Astronom Johannes Werner brachten sie schließlich in Gang (um 1522). Die Besitzverhältnisse danach sind nicht geklärt. Der Besitzer bezahlte dann jedenfalls mit der Uhr beim Rat der Stadt eine Steuerschuld von 180 fl. Fraglich ist, ob Regiomontans Astrarium weiter an den Kardinal Albrecht IV. von Brandenburg, Erzbischof von Mainz und Magdeburg verkauft wurde [87, S. 62, 64, 69 f.], [102, S. 321]. Die Uhr ist verschollen.

In der Werkstatt Regiomontans wurde auch experimentiert. Die Königsberger Chronik 1754 berichtet: *Unter den Kunststücken, welche die Künstler zu Nürnberg nach seiner* (Regiomontans) *Anweisung verfertiget, ist gewesen 1) eine Mücke* (Fliege), *welche aus der Hand des Künstlers ausgehet, um die Gäste herum fleugt, und endlich wieder in des Künstlers Hand zurück kehret. 2) Ein Adler, welcher aus der Stadt Nürnberg dem ankommenden Kayser in der*

Luft entgegen geflogen ist, und bis an das Stadt-Thor ihn begleitet hat. Darüber hat bereits Doppelmayr 1730 geschrieben, setzte aber hinzu, daß die Quelle der Nachricht nicht sicher sei [13, S. 24]. Erstaunlich ist nur, daß diese Geschichte in philosophische Betrachtungen einbezogen wurde. Sir Thomas Browne hat in seinem 1642 erschienen Buch *Religio Medici* - ein Versuch über die Vereinbarkeit von Vernunft und Glauben - auf Regiomontans metallene Fliege und einen hölzernen Adler, die beide fliegen könnten, hingewiesen und stellte die Frage: *Wer bestaunt nicht die Fliege mehr als den Adler des Regiomontanus* ...?

Im Anwesen an der Vorderen Kartäusergasse wurde auch die Hausdruckerei Regiomontans betrieben. Die Einrichtung war notwendig geworden, weil die Nürnberger Buchdrucker sich außerstande sahen, die schwierigen astronomischen Figuren und die mathematischen Zeichen anzufertigen. Regiomontanus beschäftigte gute Buchdrucker. 1891 wurde angegeben, der angesehene Inkunabel-Drucker Erhard Ratdolt aus Augsburg wäre nach Nürnberg gegangen, bevor er in Venedig (1476 - 86) und dann in Augsburg (1486 - 1513) eigene Druckereien eröffnete. Nach Stromer ist Ratdolts Mitwirkung in Nürnberg jedoch nicht erwiesen [8, 40, S. 107 f.].

Regiomontans Offizin löste als erste Druckerei die drucktechnischen Probleme, indem Holzschnitte, nach den astronomischen und mathematischen Vorlagen angefertigt, in den Letternsatz eingefügt wurden. Die eigene Druckerei hatte auch den Vorteil, daß charakteristische Typen und eigene Initialen (große und kleine Anfangsbuchstaben) verwendet werden konnten. Durch die Weißlinien-Initialen, eine neue Technik, erhielten Regiomontans Druckerzeugnisse, und danach die von Ratdolt, ein besonders gefälliges Aussehen. Bei lateinischen Texten verwendete man die Antiqua, ansonsten eine Mischung von Antiqua und deutscher Kursivschrift [108, S. 274].

Die Druckerei *Ex officina Joannis de Regiomonte* wurde beispielhaft für das Buchdruckerhandwerk der damaligen Zeit. Die

Nürnberger Drucker hatten von dem auch handwerklich begabten Magister aus Königsberg einiges gelernt. Nicht von ungefähr ließ Copernicus sein Hauptwerk *De revolutionibus orbium coelestium libri sex* auf dringliches Anraten seiner Freunde durch den Mathematiker Rheticus, seinem Schüler, im Mai 1542 zum Druck nach Nürnberg bringen [101, S. 2]. Das Werk wurde bei Joh. Petreius gedruckt. Die Aufsicht über den Druck überließ Rheticus, der im Nov. 1542 Nürnberg wieder verließ, dem Nürnberger Theologen Andreas Osiander. Das Werk wurde in der Zeit von Mai 1542 bis etwa April 1543 hergestellt. Ein vollständiges Exemplar traf am 24. Mai 1543, dem Todestag von Copernicus, in Frauenburg ein [122, S. 243, 252, 255].

Warum sich Regiomontanus entschloß, eine eigene Druckerei zu errichten, wird verständlich, wenn man sich die Verlagsanzeige ansieht, in der Regiomontanus ankündigte, was er alles herauszubringen gedachte. 29 Werke fremder Autoren und 22 Arbeiten von Regiomontanus selbst standen auf dem Programm; weiter Landkarten und Geräte, Kalender und die Ephemeriden, die *fast fertig seien.* Da die Ephemeriden mit dem Jahr 1474 beginnen, wäre die Herausgabe der Verlagsanzeige auf etwa 1473 zu datieren, weil sie ja für alle ab 1474 verfügbaren Drucke werben sollte. Bedeutende Werke des Altertums waren darin angezeigt, wie die des Euklid, Ptolemaios, Archimedes, Apollonius u. a. Von den mittelalterlichen Schriften wäre vorrangig Georg von Peuerbachs Planetenlehre zu nennen.

Die Druckerei konnte nur etwa drei Jahre arbeiten. In dieser Zeit (1472 -1475) erschienen in Regiomontans Offizin folgende Drucke [126, S. 134, 136]:

1. Purbachii Theoricae novae planetarum. Hain 13595. 20 Blätter. 2. Manilii astronomicon. Hain 10703. 72 Blätter. 3. Lateinischer Kalender. Hain 13775. 32 Blätter. 4. Deutscher Kalender. Hain 13784. 30 Blätter. 5. Ephemeriden 1474, Hain 13790. 448 Blätter. 6. Verlagsanzeige. Hain 13807. 1 Blatt. 7. Basilius Magnus. De legendis libris gentilium, interpret. Leonardo Aretino. Gesamtkatalog d. Wiegendrucke 3704-05. 10 Blätter. 8. Disputationes contra cremonensia deliramenta. Hain 13805. 9 Blätter. 9. Maffei Vegii ad ustachium praefaktio. Hain-Copinger 15925. 12 Blätter.

Wir sehen, daß Regiomontanus im Gedenken an seinen früheren Lehrer Georg von Peuerbach dessen Planetentheorie 1472 als erstes Werk herausbrachte. In diesem Zusammenhang ist die Streitschrift gegen Cremonensis erwähnenswert (oben Nr. 8). Gherardo da Sabbionetta (Cremonensis) verfaßte, sich auf Ptolemaios, al-Farghani und al-Battani stützend, eine Planetenlehre, die bis zum Ende des Mittelalters benutzt wurde [122, S. 84].

Die Streitschrift gegen die Planetenlehre des Cremonensis schrieb Regiomontanus bereits in Rom, als Kardinal Bessarion nach dem Tod des Papstes Pius II. in Ancona im August 1464 nach Rom geeilt war, um an der Wahl des neuen Papstes teilzunehmen. Wenn auch die Schrift in der Form eines Zwiegespräches zwischen einem Wiener (Regiomontanus) und einem Krakauer Magister (Martin Ilkusch) abgefaßt war, wurden die Mängel der Planetenlehre schonungslos offengelegt. Die dargelegten Beweise waren unumstößlich. Die früher so populäre Arbeit Sabbionettas wurde daraufhin zugunsten der Planetenlehre Peuerbachs verdrängt. Dabei hatte Peuerbachs Planetentheorie, wie wir wissen, durchaus ihre Mängel. Aber die Behauptung des Wiener Astronomen beispielsweise, daß jeder der drei oberen Planeten in seiner Bewegung irgend etwas mit der Sonne gemeinsam habe und die Sonnenbewegung gleichsam der gemeinsame Spiegel und das Naturgesetz für die Bewegung der Planeten sei, blieb nicht ohne Wirkung. Bei späteren Ausgaben des peuerbachschen Lehrbuches wiesen z. B. Albert Blarer von Brudzewo, der erste Kommentator der Peuerbach-Lehre 1483 an der Krakauer Hochschule, und Erasmus Reinhold in Wittenberg respektvoll auf Regiomontans Widerlegung des Sabbionettas hin [122, S. 97, 99, 106 f.].

Im Vorwort zur *Disputationes contra cremonensis deliramenta*, das Regiomontanus verfaßte, als die Verlagsanzeige bereits versendet war, geht der Magister auf Vorwürfe ein, die ihm offenbar zugetragen worden sind: Er verwerfe neue Übersetzungen, lasse Erläuterungen mancher Kollegen nicht gelten und widerspräche selbst erfahrenen Gelehrten. In seiner Erwiderung im Vorwort geht Regiomontanus kritisch auf den gegenwärtigen Lehrbetrieb ein. Außer der *Sphaera mundi* des Sacrobosco und der Planetenlehre des Sabbionetta werde nichts gelehrt. Auch würde man die Unvollkommenheit der Tafeln kennen und sie dennoch für vollkommen halten. So würden die einen zu öffentlichen Vorlesungen gehen, als ob sie (mit einem solchen mangelhaften Wissen) Lehrer wären. Die anderen würden Fürsten beraten und schämten sich nicht, durch deren Beifall angeeifert, in der Öffentlichkeit und in die plebejische (ungesittete) Menge Ungereimtheiten hinausgehen zu lassen. Zu wenig kümmere man sich um die Wahrheit.

Er, Regiomontanus, wolle sich natürlich nicht als fehlerlos bezeichnen und wäre allen sehr dankbar, die seine Angaben durchsehen und beurteilen würden. *Aber ich vermute, daß es einige geben werde, die mir als ein Vergehen der Überhebung vorwerfen, daß ich, der ich in Deutschland, um nicht zu sagen in der Barbarei, mein Leben verbringe, fern von der Menge der Gelehrten, so viele hochberühmte Männer anzugreifen wage. Aber diese werden, wenn mich nicht alles täuscht, Vergebung gewähren, wenn sie das Ziel der Planung, nicht die Person des Verfassers oder irgendwelche Umstände genau erwägen.*

Die Veröffentlichungen, schreibt Regiomontanus in der Verlagsanzeige erklärend, seien ein Gebot der Stunde, um der wissenschaftlichen Arbeit einwandfreie und durch Schreib- und Setzfehler nicht entstellte Grundlagen zu liefern: *Möge der liebe Gott es begünstigen. Dann - nach der Vollendung - wird der Tod nicht bitter sein, wenn der Veranstalter bald sterben sollte* (und) ... *er ein solches Geschenk den späteren Geschlechtern hinterlassen hat.*

Die Ankündigung seiner eigenen Werke leitete er mit folgenden Worten ein: *Ob die Versuche des Verfassers zu veröffentlichen sind oder nicht, darüber mögen lange die eigene Zurückhaltung und die Rücksicht auf die wissenschaftliche Gemeinschaft streiten. Die Vernunft beschließt das Wagnis* [126, S. 132 f., 135, 139].

			Criſtmonde	Sunne Schötz		Monde S	Monde G	Monde S	Monde G
1	f			19	5	3	4	1	27
2	g	4 nō		20	7	3	17	2	10
3	A	3 nō		21	8	4	0	2	23
4	b	2 nō	. S. Barbara Junckfraw	22	10	4	14	3	6
5	c	Non		23	11	4	27	3	19
6	d	8 id'	. S. Niclas biſchoue	24	12	5	10	4	2
7	e	7 id'	Der achtet . S. Andres	25	14	5	23	4	15
8	f	6 id'	Die enpfahung Marie	26	15	6	6	4	28
9	g	5 id'		27	17	6	20	5	11
10	A	4 id'		28	18	7	3	5	24
11	b	3 id'	. S. Damaſus pabſt	29	20	7	16	6	7
12	c	2 id'	Stainpock	0	21	7	29	6	20
13	d	Idus	. S. Lucia Junckfraw	1	23	8	12	7	4
14	e	19 kal	Janua. S. Nicaſius biſchoue	2	24	8	25	7	17
15	f	18 kal		3	27	9	9	8	0
16	g	17 kal		4	28	9	22	8	13
17	A	16 kal	. S. Ignacius biſchoue	5	29	10	5	8	26
18	b	15 kal		6	30	10	18	9	9
19	c	14 kal		7	32	11	1	9	22
20	d	13 kal	Der abent	8	33	11	14	10	5
21	e	12 kal	. S. Thoma züpot	9	35	11	28	10	18
22	f	11 kal		10	36	0	11	11	1
23	g	10 kal		11	38	0	24	11	14
24	A	9 kal	Der abent	12	39	1	7	11	27
25	b	8 kal	Criſtag	13	40	1	20	0	10
26	c	7 kal	. S. Steffan	14	42	2	4	0	23
27	d	6 kal	S. Johanns ewangeliſte	15	43	2	17	1	6
28	e	5 kal	Vnſchuldig kindlin	16	45	3	0	1	20
29	f	4 kal	. S. Thomas biſchoue	17	46	3	13	2	3
30	g	3 kal		18	47	3	26	-2	16
31	A	2 kal	. S. Silueſter pabſt	19	49	4	9	2	29

Abb. 24: Kalenderblatt aus dem deutschen Kalender, Nürnberg 1474

Die Kalender

Die beliebtesten Druckerzeugnisse Regiomontans waren die Kalender. 1472 ließ er den Kalender in Latein setzen, dann folgte der deutsche Kalender. Beide stimmten in den Angaben über den Sonnen- und Mondlauf, über die Neu- und Vollmonde und über die Finsternisse inhaltlich überein. Lediglich die Überschriften und die Festtage waren entweder lateinisch oder deutsch. Die Monatsbezeichnungen in deutsch: *Janer, Hornung, Mertz, April, Mai, Brachmonde, Hewmonde, Augustmonde, Herbstmonde, Weinmonde, Wintermonde, Christmonde.* Beide Kalender begannen mit dem Jahr 1475. Sie waren somit noch 1474 fertiggestellt worden, um rechtzeitig auf den Markt zu kommen [121, S. 9].

Sogleich nach Beginn des Kalenderdruckes, aber vor der Anfügung der Erklärung fiel eine weniger bekannte Reise Regiomontans nach Italien. Darüber berichtete 1472 der Nürnberger Arzt Hermann Schedel seinem Neffen, dem Verfasser der ersten Weltchronik Hartmann Schedel:

Als ich in diesen Tagen einer glücklichen Eingebung folgte und mit dem Magister Johannes Küngsperg über Verschiedenes sprach, bis die dunkle Nacht uns trennte, kam die Rede auch auf die Bedeutung der Worte "palin" und "eti" in unserem Conciliator. Da er griechisch versteht, so gab er die lateinische Übersetzung. ... Dieser Magister Johannes hat Nürnberg verlassen, allerdings in der Absicht zurückzukehren. Da er alle seine Arbeiten geheim hält, so hat er niemand oder nur wenigen seine Abreise mitgeteilt. Er reiste nach Italien, um neue Bücher zu holen, wie einige glauben. Den neuen Kalender mit dem wahren Lauf von Sonne und Mond hat er in einer Auflage von 1 000 Stück, wie es heißt, gedruckt. Es gibt niemand, der ihn gesehen hat, außer den Setzern. Die Erklärungen werden seinerzeit hinzugefügt werden. Jetzt aber läßt er, wie ich höre, ein Jahrbuch aller Planeten für viele Jahre durch seine Setzer drucken. Bisher konnte weder ich noch ein anderer Zutritt zu seinem Hause haben; jedoch in diesen Tagen werde ich auf Wunsch (ad voluntatem) seiner Angestellten Zutritt haben und seine Arbeiten besichtigen. Ich werde Euch benachrichtigen, wenn ich etwas über seine Arbeiten erfahre [126, S. 129 f.].

Regiomontanus selbst vermerkte seine Rückkehr aus Italien bei einer Beobachtung am 26. September 1472 mit den Worten : ... *mittelmäßig wegen der neuen Ankunft aus Italien.* Bei der kurz vor Fertigstellung der Kalender angefügten Erklärung gibt es einige Unterschiede zwischen der lateinischen und der deutschen Fassung. Im lateinischen Text wird eine gesonderte Schrift über den Einfluß der Tierkreiszeichen auf Körperteile angekündigt. Das mag ein Zugeständnis an die "geneigten Käufer" aus den lateinisch sprechenden, gelehrten Kreisen gewesen sein. Man war gewohnt, in den Kalendern auch astrologische und medizinische Angaben vorzufinden. Für den Alltag der Menschen damals war das eine wertvolle Lebenshilfe, weil z. B. der Aderlaß, ein bei fast allen Beschwerden angewandtes Allheilmittel, nur an astrologisch günstigen Tagen durchgeführt wurde. Im deutschen Text der Erklärung fehlt die Ankündigung dieser Schrift. Dennoch machte Regiomontanus wegen des Aderlasses ein Zugeständnis. Im Kalenderabschnitt *Vom waren lauff des Mondes* gibt er *nach meinem slechten tewtsche* an, *welhe* (Konstellation) *nücz und welhe untöglich sind ... zu der aderlasse.* Ansonsten sind die Kalender Regiomontans frei von astrologischem Beiwerk [90, S. 351, 355]. Das war neu. Neu war auch, daß ein Kalender herauskam, der nicht nur für ein Jahr, sondern für eine Reihe von Jahren gelten sollte [121, S. 9, 11].

Wenn bedacht wird, daß es zur damaligen Zeit noch keine deutsche Einheitssprache gab, war Regiomontans deutscher Kalender, von dem man eine weite Verbreitung in Deutschland wünschte, in *teutschen landen* lesbar und damit unbedingt ein Fortschritt. Was besondere Schwierigkeiten machte, waren die Fachausdrücke, die aus dem Latein verdeutscht werden mußten oder noch gar nicht gebildet waren. Bei den Monatsbezeichnungen und Wochentagen ging es noch. Die Lücken der deutschen Sprache schloß man durch Lehnwörter. *Janer, merzt, april, augstmonde* und *christmonde* sind solche Lehnwörter, ebenso wie der *Sambstag*. Deutschen Ursprungs waren die übrigen Wochentage *suntag, montag, eritag* (Dienstag), *mitwoch, pfincztag* (Donnerstag), *freitag*. In Regiomontans Sprache erkennt man einen nürnbergischen Dialekt, wobei auch die schwäbische Diminutivendung -lin vorkommt (Walther stammte aus dem Schwäbischen) [90, S. 354].

Für eine Irritierung sorgten am Anfang die Fachausdrücke, wofür Zinner das Beispiel *Kompaß* anführt:

Ursprünglich bedeutete (das Wort) *in Frankreich den Zirkel und bald den damit beschriebenen Kreis und die Kreisfläche, also auch die runde Scheibe und Büchse. In Deutschland wurde das Wort im 15. Jahrhundert zur Bezeichnung der Büchse mit der Magnetnadel verwendet und dieser Brauch übertrug sich auf Skandinavien und England, während die romanischen Länder dafür Bussole sagen. Im gleichen Jahrhundert bezeichneten die Deutschen mit Kompaß auch den zu einem Gericht gehörigen Bezirk, sowie die mit einer Magnetnadel versehene Sonnenuhr, woraus sich im 16. Jahrhundert der Brauch bildete, jede Sonnenuhr, auch solche ohne Magnetnadel, Kompaß zu nennen, so daß damals das Fachwort "Kompaß" drei völlig verschiedene Dinge bezeichnete.*

Die von Regiomontanus eingeführten klaren und verständlichen Fachwörter wie *Sonnenuhr* und *Finsternis* haben sich bis heute nicht gewandelt [121, S. 17 ff.]. Der Sternforscher Regiomontanus benutzte den Kalender, um noch einmal das Osterfestproblem, das er bereits mit Kardinal Bessarion in Rom diskutiert hatte, wieder aufzugreifen. Im lateinischen Kalender führte er aus: *Ich würde hiemit meinen Kalender beschliessen, wenn nicht noch ein Zweifel über die Feier des Osterfestes mir entgegentreten würde. Für diese Frage wird hoffentlich das gegenwärtige Werk von einigem Nutzen sein.* Weil die Art des Schaltens beim Sonnenjahr nicht ganz richtig sei, und weil die Neumonde in 76 Jahren etwa um 6 Stunden vorrücken, stimme der von der Kirche benutzte römische Kalender mit dem göttlichen Gesetz des Mondlaufs nicht überein.

Die Kritik an der kirchlichen Osterberechnung erscheint nur im lateinischen Kalender, um sie wohl nur den gelehrten Kreisen, und nicht dem "gewöhnlichen Volk" zugänglich zu machen. Denn in dem zur gleichen Zeit erschienenen deutschen Kalender fehlen diese Ausführungen [90, S. 353]. Konradin Ferrari d'Occhieppo stellt die Entwicklung des Regiomontanschen Kalenders gegenüber dem Kalender des Johannes von Gmunden heraus. Regiomontanus sei in seinem 1474 veröffentlichten astronomischen Kalender bedeutend darüber hinausgegangen, *indem er nach den besten damals bekannten Grundlagen die Mondphasen und mit ihnen die Sonnen- und Mondfinsternisse berechnete. Am Schlusse dieses Werkes stellte er für die Jahre 1477 bis 1532 nicht weniger als dreißig Fälle zusammen, in denen die kirchliche Osterrechnung nach Dionysius bald um eine, bald um vier oder sogar um fünf Wochen von jenem Datum abwich.* ... Vorschläge für eine Verbesserung der zyklischen Berechnung werden von Regiomontanus nicht gemacht. Das sollte anderen Kalendermachern überlassen werden. *Jedenfalls hat Regiomontanus mit seiner sachlich fundierten Kritik an der damaligen Osterberechnung, wie auf so vielen anderen Gebieten, auch zur Kalenderreform einen nachhaltig wirksam gewordenen Anstoß gegeben* [18, S. 106].

Regiomontanus hatte die Erklärung des Kalenders in übersichtliche Abschnitte gegliedert:

1. *Von der göldin zal.* 2. *Von dem suntagpuchstabe.* 3. *Von den beweglichen festen.* 4. *Tauel der beweglichen feste.* 5. *Wie man den newen monde und volmonde finden sal.* 6. *Von der Sunnen und des mondes finsternis.* 7. *Vom waren lauff der Sunnen.* 8. *Tauel der Sunnen.* 9. *Vom waren lauff des Mondes.* 10. *Tauel des Mondes.* 11. *Wielang ain ieder tag oder nacht ist.* 12. *Tauel zewissen des tags lenge.* 13. *Wie man ain Sunnor machen sal.* 14. *Von der andern beraitten sunnor.* 15. *Von manigerlai verwandlung der stunden.*

Der Schlußsatz: *Also ist begriffen körczlich diss kalenders nucz und töglichait nach meine slechten tewtsche und chlainem vermögen. M. Johan von köngsperg.*

Der Kalender wurde so beliebt, daß die erste Auflage bald vergriffen war. Der lateinische Kalender erschien in Neuauflage 1476, dann wieder 1489, 1492, 1496, 1499 und in einer Überarbeitung 1482, 1483 und 1485 [90, S. 353]. Erhard Ratdolt druckte Regiomontans deutschen Kalender 1478 noch in Venedig, dann 1489 und die weiteren Nachdrucke in Augsburg. Er gab dem Kalender, der bis dahin ohne Überschrift war, den Titel *Kalender maister Johannes künigsperger* [121, S. 10].

Es blieb nicht aus, daß die Verleger den Kaufanreiz durch die Aufnahme astrologischer Hinweise steigern wollten. Erstmals erschien, nachdem Regiomontanus Nürnberg verlassen hatte und nach Italien gegangen war, im lateinischen Kalender von 1476 und im deutschen 1478 ein Gedicht, in dem wieder Aderlaß und Arzneieinnahme angesprochen wurden [90, S. 355]: *Das hat gemacht maister hans von königsperg genant In teutschen vnd welschen landen wol erkant.*

Der Augsburger Erhard Ratdolt besaß einige Erfahrungen beim Druck von astronomischen Werken. Er druckte nicht nur Kalender. Ein aufwendiges und prachtvolles Werk war das *Astrolabium planum* des Mediziners und Philosophen Petrus von Abans (ca. 1250 - ca. 1315), das 1488 gedruckt herauskam. Die darin enthaltene Sterndeutung ist eingebunden in das aristotelisch-ptolemäische Weltbild und wird der Laienastrologie zugeordnet. Überarbeitet wurde das *Heidelberger Schicksalsbuch*, wie das *Astrolabium planum* auch genannt wird, von dem in Ingolstadt lehrenden Johannes Engel (Angelus - † 1512), der als ein Schüler des Regiomontanus bezeichnet wurde und als Korrektor für Ratdolt arbeitete. Dessen Vorschlag wird es dann wohl gewesen sein, den Kalender des berühmten Magisters Johannes Müller mit seinen nüchternen Tabellen und Tafeln dem Wahrsageteil anzufügen. Das *Heidelberger Schicksalsbuch* wurde für den in Heidelberg residierenden Pfalzgrafen Philipp den Aufrichtigen (1448 - 1508) und seine bayerische Gemahlin Margarethe von Landshut angefertigt. Die Mantik, die Kunst der Wahrsagerei, erfreute sich im Spätmittelalter großer Beliebtheit. Vor allem der Adel sah darin einen unterhaltsamen Zeitvertreib. Die Kirche hatte zwar Wahrsagerei, die Prognosen als zwingend ausgab, verboten. Der Adel brauchte jedoch Verfolgungen nicht zu befürchten [39, S. 117 ff.].

Dem Volk dagegen mußte der alte Wunschtraum, in die Zukunft sehen zu können, auf andere Weise erfüllt werden. So wurde Regiomontans Kalender astrologisch ausgeschmückt. 1508 kam der deutsche Kalender im doppelten Umfang heraus, weil Abhand-

lungen über die Wirkung der Planeten und Zeichen über Aderlassen, Komplexionen, Gesundheitsregeln, Verhalten der schwangeren Frauen u. a. angefügt wurden. Das Augsburger *Aderlaßmännchen* von 1512 stammt ganz sicher nicht aus dem Kalender Regiomontans [92, S. 387]. Mit seinem Namen wurde eben Reklame gemacht. 1528 erschien der Titel *Des weitberühmten M. Johannen Künigsperger Natürlicher kunst der astronomei kurtzer Begriff*. Schließlich entstand das "Große Planetenbuch" *(Alles aus Platone, Ptolemeo, Hali, Albumasar und Johanne Künigsberger auffs kürtzt gezogen jderman zu gut, das bös zuflihen, und das gut anzunemen)*, das von 1544 bis 1825 durch unzählige Auflagen verbreitet wurde [126, S. 153 f.]. Es versteht sich von selbst, daß von Regiomontanus darin kaum noch etwas übriggeblieben war.
Fast zur gleichen Zeit wie der Kalender kamen 1474 die Ephemeriden Regiomontans für die Zeit von 1475 bis 1506 auf den Markt. Das große Werk hatte keinen Titel, sondern verweist, ähnlich wie beim Kalender, lediglich auf der letzten Seite auf den Verfasser: *Explicitum est hoc opvs anno christi domini MCCCCLXXIIII dvctv Joannis de Monteregio*. Die 896 Seiten der Jahrbücher enthielten mehr als 300 000 Zahlen, und es bleibt angesichts dieser Leistung die Bewunderung für den Verfasser und seine Druckerei. In der Erklärung gab Regiomontanus eine Anleitung, wie die Umrechnung der Zeiten der Neu- und Vollmonde und des Mondortes auf einen anderen Ort möglich ist. Zu diesem Zweck fügte er dem Werk ein Ortsverzeichnis sowie kleine Verzeichnisse der Planeten bei und erklärte die in den Ephemeriden verwendeten Zeichen [126, S. 140 f.]. Die Ephemeriden haben dann bei den Entdeckungsfahrten eine wichtige Rolle gespielt, wie sie überhaupt für die nächsten drei Jahrhunderte ein verbindliches Nachschlagewerk wurden.
Die meteorologische Forschung hat auf der Suche nach den Anfängen der Meteorologie keine Aufzeichnungen über Wetterbeobachtungen Regiomontans in Nürnberg finden können. Solche Wetteraufzeichnungen waren für Regiomontanus an sich nicht

neu. Bereits in Wien machte er sich Notizen über das Wetter. Die erste in Wien festgehaltene Wetterbeobachtung geht auf Regiomontanus zurück (*am 5. Dez. 1454 in der Nacht starke Winde*). Dann folgten Aufzeichnungen über den Frost. Vermerke dieser Art finden sich bis 1458. Anhand der Beobachtungen und der Planetenstellungen sollten die Vorhersagen nachgeprüft werden [126, S. 39, 149]. Nachdem Wetternotizen in den Nürnberger Jahrbüchern fehlen, wird die Meinung vertreten, daß Regiomontanus in Nürnberg keine Wetterbeobachtung durchgeführt habe; denn es sei unwahrscheinlich, daß Witterungseintragungen auf leeren Einzelblättern erfolgt wären [48, S. 1, 4].

Nun hat aber Regiomontanus Beobachtungsbücher geführt, die lückenlos nicht mehr vorhanden sind. Es läßt sich somit nicht genau feststellen, in welchem Umfang Regiomontanus in Nürnberg auch das Wetter beobachtet hatte. Daß er bei den Messungen z. B. der mittäglichen Sonnenhöhe den Wetterzustand vermerkte, hat Zinner ermittelt. Ob das nur geschah, um die Umstände beim Beobachten festzuhalten, oder ob er einmal der Frage nachgehen wollte, inwieweit bestimmte Planetenkonstellationen das Wetter beeinflußten, kann nicht gesagt werden. Wenn Regiomontanus jedenfalls Anmerkungen wie *mittelmäßig, starke Winde, nicht völlig genau* hinterlassen hat [126, S. 171], dann sind diese Nachrichten für die Geschichte der Meteorologie durchaus interessant.

Die Einladung des Papstes, noch 1475 nach Rom zu gehen, um an der Kalenderreform mitzuwirken, kam völlig unerwartet. Sie fiel in eine Zeit, in der sich Regiomontans Unternehmungen in Nürnberg so entwickelt hatten, daß der Meister an sich unabkömmlich gewesen wäre. Aber Rom rief und Regiomontanus folgte.

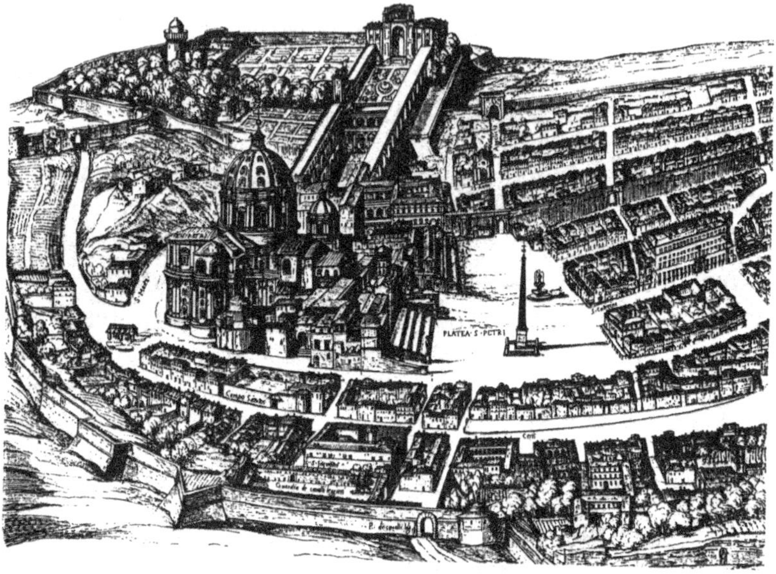

Abb. 25: Der Vatikan im 16. Jahrhundert. Unterhalb der Peterskirche der Campo Santo Teutonico

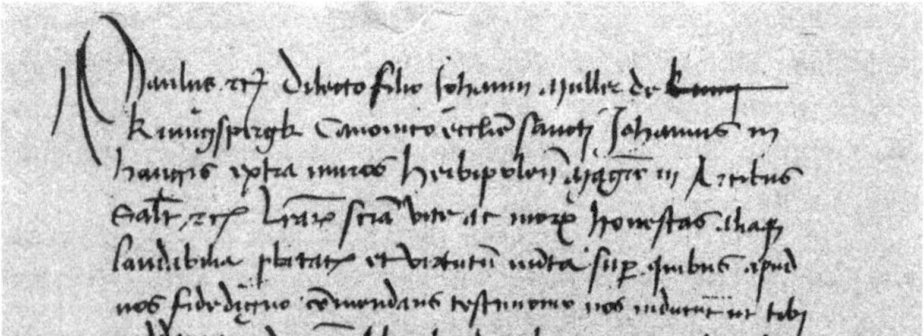

Abb. 26: Die ersten Sätze der päpstl. Urkunde vom 1. April 1465. Pfründenverleihung an Johannes Muller de Kunigspergk, Bessarions familiaris

Das Ende in Rom

Geht man nach der bisherigen wissenschaftlichen Literatur, dann gibt es keine direkten urkundlichen Belege dafür, daß sich der Astronom Johannes Müller aus Königsberg tatsächlich 1475 bis 1476 in Rom aufgehalten hatte. Die Geschichtsschreiber übernahmen lediglich die diesbezüglichen Angaben des Nürnberger Hartmann Schedel, der berichtete, daß der Königsberger von Papst Sixtus IV. nach Rom zur Kalenderverbesserung gerufen worden sei. Die Akten von Nürnberg, der Stadt, in der Regiomontanus seit 1471 wohnte, schweigen sich darüber aus. Im Scholarenverzeichnis der Universität Wien wurde erst um 1500 der Vermerk hinzugefügt, Magister Joannes de Monte regio sei durch Sixtus IV. zur Kalenderreform gerufen worden. Demnach dürfte die Beauftragung des Königsbergers, den Kalender zu überarbeiten, erwiesen sein. Die Zeugnisse sind derartig schlüssig, daß es keiner unmittelbaren, aktenmäßig belegbaren Beweise bedarf, z. B. durch Vorlage einer päpstlichen Urkunde.

Als Regiomontanus 1475 die Berufung des Papstes erhielt, war die Druckerei *Ex officina Joannis de Regiomonte* im vollen Betrieb. Auch die Herstellung von Geräten, die sich nicht nur auf astronomische Instrumente beschränkte, ließ den Meister Johannes in Nürnberg unentbehrlich erscheinen. Er, der sich zeitlebens seiner Kirche verbunden fühlte, konnte sich aber dem Ruf Roms nicht entziehen. Die letzte Beobachtung in Nürnberg trug Regiomontanus am 28. Juli 1475 ein. Die erste Beobachtung seines Helfers und Freundes Bernhard Walther wurde am 2. August 1475 vermerkt. In diesem Zeitraum muß der Magister abgereist sein. Wie Erasmus Reinhold, der Mathematiker an der Universität Wittenberg, berichtete, habe Regiomontanus geklagt, daß er die Reise nur mit Mühe unternehme. Es kam bei ihm sogar eine Todesahnung auf. Eine Reise nach Italien war zur damaligen Zeit gewiß mühselig, strapaziös und nicht ganz ungefährlich. Oder ahnte der Königsberger, was ihn in Rom erwartete?

Regiomontans Abreise nach Rom im Sommer 1475 wird sich ähnlich vollzogen haben wie bei seiner Kurzreise 1472 - im Stillen, ohne große Verabschiedung. Er wollte wiederkommen, um sein Werk in Nürnberg fortzusetzen. Es sollte eine Reise ohne Wiederkehr werden. Wie lange Regiomontanus brauchte, um über den beschwerlichen Weg nach Rom zu kommen, wissen wir nicht. Nach Zinner gibt es seit seiner Abreise aus Nürnberg im Juli oder anfangs August 1475 bis zu seinem Tode in Rom keine Lebenszeichen mehr [126, S. 178]. Nachforschungen des Verfassers haben ergeben, daß Regiomontans Aufenthalt in Rom seit Oktober 1475 durchaus urkundlich nachzuweisen ist. Die Suche in den *Vatikanischen Quellen zur Geschichte des Bistums Würzburg im 14. und 15. Jahrhundert* hatte Erfolg.

Die Entdeckung der Urkunden verdanken wir Theodor J. Scherg, der 1900/1901 für die fränkischen Bistümer die einschlägigen Quellen aus den Lateranregistern des Vatikanischen Archivs aus der Zeit der Pontifikate der Päpste Paul II. (1464 - 1471) und Sixtus IV. (1471 - 1484) heraussuchte und in seinen *Franconica* veröffentlichte [99, S. 1 ff.]. Wilhelm Engel, der die deutsche Bearbeitung besorgte, vermerkte, daß dieser Quellenstoff so gut wie unbekannt geblieben sei [17, S. 11, 15, 16]. Es ist in der Tat erstaunlich, daß die Regiomontanusforschung vom Archivmaterial des Würzburger Bistums bisher kaum Notiz genommen hatte. Dabei lag es doch nahe, auch die Quellen jenes Bistums zu durchforsten, dem die Geburtsstadt des Johannes Müller - Regiomontanus zugehörte. Scherg führte, neben der Urkunde vom 1. April 1465, noch andere Urkunden an. Das *Archivio Segreto Vaticano* stellte freundlicherweise Kopien zur Verfügung:

Reg. Vat. 664 fol. 231^{r} *- 233*^{r}*. Rom. bei St. Peter 1475 Oktober 16.*

Papst Sixtus IV. überträgt Johann Muller (Anm. Schergs: Es handelt sich um J. M. aus Königsberg i. Fr. = Regiomontanus) ein Kanonikat mit Pfründe im Neumünster zu Würzburg.

Die Pfründenverleihung erfolgte bald nach der Ankunft Regiomontans in Rom. Es war eine Vergütung für den an den päpstlichen Hof berufenen Wissenschaftler und nahm keinen Bezug auf den ehemaligen Familiar Bessarions. Der Kardinal war am 18. Nov. 1472 in Ravenna gestorben. Sixtus IV. hatte an der Trauerfeier am 3. Dez. in Rom, wo Bessarion bestattet wurde, teilgenommen. Eine Erwähnung Bessarions in der Urkunde vom 16. Okt. 1475 war daher nicht angebracht.

Reg. Lat. 765 fol. 83^{r} - 84^{r}.Rom bei St. Peter 1476 Mai 10.

(expediert bis Mai 13)

Es handelt sich um eine Provisionsurkunde Sixtus IV. für Conradus Scherpe als Ewigvikar am Brictius-Altar im Würzburger Bischofshof mit einer Jahreseinnahme von 8 Mark Silber.

Vorbesitzer der Pfründe, der sie zu Gunsten des C. Scherpe resigniert hat, war Johannes Kunigsperg, vormals Familiar des Kardinals Bessarion. Die Nennung Bessarions läßt vermuten, daß es sich um eine Pfründe handelte, die in der Zeit, als Regiomontanus noch dem Gefolge des Kardinals angehörte, verliehen worden war (1461 - 1465). Exekutoren der Urkunde sind der Erzbischof von Patras, der Erzpriester von Bologna und der Dekan von Stift Haug in Würzburg.

In einer weiteren, bei Scherg aufgeführten Urkunde [17, S. 230 Nr. 527], die sich auf die vorstehende, an C. Scherpe übertragene 8-Mark-Pfründe bezieht, wird der Verzicht Regiomontans noch einmal festgestellt und vermerkt, daß Scherpe sich zur Annate verpflichtet hatte. Am 21. Mai 1476 sind 18 Gulden bezahlt worden. Diese Jahresabgabe, die *annata*, stand allein dem Papst zu [22, S. 69]. Wenn C. Scherpe die Pfründe angetreten hat, was wahrscheinlich ist, kann Regiomontanus nicht vor dem 30. Mai 1476 gestorben sein. Die Resignation einer Pfründe wird ungültig, wenn der Verzichtende binnen 20 Tagen stirbt.

Die Resignation Regiomontans vom Mai 1476 ist das letzte Lebenszeichen, das wir von dem berühmten Astronomen haben. Es stellt sich die Frage, was ihn veranlaßt hatte, auf die Pfründe zu verzichten. Der Begünstigte, dem Regiomontanus die Jahreseinnahme von 8 Mark Silber abtrat, war Conradus Scherpe. In Regiomontans Umfeld ist nur ein Scherpe bekannt. Das war der Draht- und Scheibenzieher Konrad Scherpp, der 1470 nach Nürnberg kam und für Regiomontanus arbeitete. Vielleicht hatte ihm der Magister in den ersten Jahren des Geschäftsaufbaus keine angemessene Vergütung zahlen können und stand in seiner Schuld. Das würde auch erklären, daß Conradus Scherp die Hälfte des Nachlasses Regiomontans übernahm, als Johannes Müller in Rom starb. Daraufhin erwarb Walther diesen Hälfteanteil von Scherp, die andere Hälfte des Nachlasses kaufte er von den Erben des Johannes Müller, wie Walther in seinem Testament mitteilte:

Und nachdem aber der merer tail meiner bucher, auch aller messener instrument, ausgenommen die armille, von dem hocherleuchten in kunsten maister Johansen Mullers von Kungsperg in gleichem kauf von seinen erben und herrn Conrat Scherppen an mich komen sind ...

Auch Walther muß sich diesem Konrad Scherpp irgendwie verbunden gefühlt haben, denn er verfügte in seinem Testament: ...

Gedenkt durch gots willen des wirdigen hochgelerten und in kunsten erleuchten maister Johannsen Mullers von Kungsperg und aller seiner vorfarn, herren Conrads Scherppen, auch Bernhart Walthers, Cristina seiner hausfrauen und aller irer eltern und wohlthettern und wohlthetterin selen [126, S. 183 f.]!

Während seiner Italienaufenthalte kam Regiomontanus im Laufe seines Lebens mit drei Päpsten zusammen, aus deren Biographie die Zeitumstände herauszulesen sind, die der Königsberger in Rom antraf. Sein Arbeitsklima kann nicht immer erfreulich gewesen sein.

Da war zunächst Pius II. (1458 - 1464), der während Regiomontans Studienjahre in Wien als Aeneas Silvius Piccolomini zündende humanistische Reden gehalten hatte und den Königsberger Studenten nachhaltig beeindruckte. Das abenteuerliche Leben, das Aeneas bis zu seiner Papstwahl geführt hatte, ging nicht spurlos an seiner Gesundheit vorbei. Als Papst lebte er dagegen einfach und genügsam; die Kosten seiner Hofhaltung waren niedrig. Die Humanisten, die seine humanistische Einstellung kannten, erhofften eine großzügige Förderung. Zu ihrer Enttäuschung suchte er zwar ihre Gesellschaft, das Geld aber sparte der Papst für einen Türkenfeldzug. Für Regiomontanus war das von geringerer Bedeutung, denn er hatte seinen humanistischen Kreis an der Akademie Bessarions gefunden. Pius, der vordem ein erfolgreicher Diplomat gewesen war, erlitt als Papst eine Niederlage nach der anderen. Die Flotte und die Truppen, die er für einen Kreuzzug gegen die Türken endlich 1464 zusammenbekommen hatte, gingen bereits beim Sammeln im Hafen von Ancona wieder auseinander. Pius II. mußte das alles mit ansehen und kostete den Kelch der Demütigung und der Niederlage bis zur Neige aus. Er, der in seinen reifen Jahren selbstlose Opferbereitschaft gezeigt hatte, starb noch in Ancona am 14. August 1464 [14, S. 396 ff.].

Paul II. (1464 - 1471) umgab sich mit einem glänzenden Hofstaat und unterhielt seine Freunde und Gäste gerne mit kostspieligen Festen. Als Sprößling eines Handelshauses (Pietro Barbo) hatte er eine hohe Meinung von Gold und Schmuck. Die Tiara, die er trug, kostete mehr als ein ganzer Palast. Trotz seiner Geldgier hielt er es jedoch für unter seiner Würde, Ämterschacher zu betreiben, verbot den Handel mit Ablässen *und regierte Rom mit Gerechtigkeit, wenn auch nicht mit Milde.* Seine Streitigkeiten mit den römischen Humanisten begannen mit der Entlassung von fast siebzig Humanisten, die an der Kurie beschäftigt waren, und mit der Verhaftung einiger Humanisten. Paul ordnete die Auflösung der Römischen Akademie an und verbot die Unterweisung in klassischer Literatur an den Schulen Roms. Sein vor der Papstwahl gegebenes Versprechen, den Krieg gegen die Türken weiterzuführen, hielt Paul II. trotz geordneter Kassen natürlich nicht [14, S. 405 ff.].

Sixtus IV. (1471 - 1484) war zweifellos der bedeutendste Papst im Leben Regiomontans. Nicht nur, weil Sixtus ihn als geeigneten Astronomen für die Kalenderreform auswählte, sondern weil der Königsberger Magister, auf der Höhe seines Ruhms, direkt am päpstlichen Hof Dienst leistete und unmittelbare Kontakte mit dem Papst möglich waren. Sixtus stammte aus einer einfachen bäuerlichen Familie. Über einen geistlichen Orden wurde er Professor der Philosophie und Theologie. Bessarion, obwohl später Gegenkandidat bei der Papstwahl, hatte seinen Aufstieg gefördert. *Ohne Bessarion begann man nichts und beendete man nichts*, hieß es in einem Trauerbrief zum Tode des Kardinals [81, S. 418 f., 429].

Abb. 27: Papst Sixtus IV. (1471 - 1484)

Als Sixtus mit siebenundfünfzig Jahren Papst wurde, ging ihm der Ruf eines Mannes von ausgezeichneter Gelehrsamkeit und untadeliger Lebensführung voraus. Beinahe über Nacht vollzog sich dann in ihm eine der merkwürdigsten Verwandlungen, die die Papstgeschichte kennt: Er wurde Politiker und Soldat. Aber nicht die Türken waren seine Gegner, wie auch er es versprochen hatte, sondern die örtlichen Despoten in seinem Kirchenstaat. Er wollte der päpstlichen Autorität zuerst in Rom, dann in ganz Italien Geltung verschaffen. Dafür führte er Kriege. Er fürchtete ständig für seine Sicherheit und war gegenüber Fremden mißtrauisch.

Eine Reihe von ämterhungrigen Verwandten erhielten einflußreiche Stellungen. *Es war das Verderben seines Pontifikats, daß die, die er am höchsten schätzte, sein Vertrauen am wenigsten ver-*

dienten. Das Geld der Kirche floß nur so dahin. Um die stets leere päpstliche Kasse zu füllen, wurden geistliche Ämter an die Meistbietenden verkauft, und man war nicht kleinlich in der Erfindung solcher Ämter. Auf die freigiebige Ämter- und Titelverleihung unter Sixtus IV. könnte sich die Legende stützen, der Papst hätte Regiomontanus den Titel eines Bischofs von Regensburg verliehen, wie Paulus Jovius 1556 zu berichten wußte. Trotz intensiver Archivforschung fand sich keine andere Quelle, die den Titularbischof bestätigte. Die Kurie zog in dieser Zeit nicht nur den Haß und die Verachtung des Volkes auf sich. Sogar das Christentum selbst wurde in Frage gestellt. Macchiavelli schrieb in tiefer Resignation: *Wir Italiener haben also der Kirche und den Priestern das zu verdanken, daß wir religionslos geworden und moralisch verkommen sind* [70, S. 29].

Sixtus IV. sorgte aber auch für die Sanierung der Stadt Rom, erneuerte die Hauptstraßen, die Brücken, Türme und Tore, errichtete ein neues Bibliotheksgebäude für die Vatikanische Büchersammlung und baute die Sixtinische Kapelle. Für die Kranken wurde ein Spital mit tausend Betten eingerichtet. Natürlich fehlte es auch nicht an Kirchenbauten. Und ein weiteres: Unter Sixtus IV. kamen wieder die Humanisten zu Ehren, wenn er sie auch nur unregelmäßig bezahlte. Schließlich brachte der Papst 1475 Regiomontanus nach Rom und beauftragte ihn, den Julianischen Kalender zu reformieren. Der Königsberger starb aber im Jahr darauf am 6. Juli 1476. Die Kalenderreform folgte erst ein Jahrhundert später (1582). Daß die Reform erst einhundert Jahre nach Regiomontans Tod wieder aufgegriffen wurde, hatte verschiedene Ursachen; daß sie aber 1476 abgebrochen wurde, läßt nur den Schluß zu, daß Regiomontanus der maßgebendste, der führende Gelehrte bei dieser vorgesehenen Reformarbeit gewesen sein muß und andere aus dem Kreis der in Rom zusammengekommenen Fachgelehrten nicht in der Lage waren, diese Arbeit an der Korrektur des Kalenders fortzusetzen.

Die älteste Aufzeichnung über den Todesfall scheint Hartmann

Schedel in Nürnberg gemacht zu haben, der in seinen Hauskalender eintrug: *Anno isto 1476 Tempore Junij obiit egregius astronomus Mgr. Jo de kongsperg in Roma sepultus in agro dei (Im Juni dieses Jahres 1476 starb der hervorragende Sternforscher Magister Johann von Königsberg in Rom und wurde auf dem Gottesacker beerdigt).* Schedel hatte ursprünglich den Monat *Juli* angegeben. Erst nachträglich wurde der Sterbemonat in *Juni* umgeändert. Über die Beerdigungsstätte lieferte dagegen Schedel eine genaue Angabe, indem er ausdrücklich den *agro dei* benennt [126, S. 178 f.]. Regiomontanus wurde also auf dem *Gottesacker* beigesetzt. Damit ist der *Campo Santo Teutonico* gemeint, der Friedhof gleich neben dem Petersdom, der den Deutschen vorbehalten war [43, S. 46].

Seit zwölf Jahrhunderten hat sich hier in der Nähe des Petrusgrabes deutscher Besitz erhalten. Da das kleine Gelände bereits 799 als *Schola Francorum* erwähnt wurde, kann Karl der Große als Gründer des *Campo Santo Teutonico* bezeichnet werden. Der *Heilige Acker* wurde angelegt auf dem Gelände, auf dem sich in der Römerzeit der Cirkus des Nero befand und auf dem sich nicht zu zählende christliche Martyrien abgespielt hatten. Tacitus berichtete, daß an dieser Stelle eine *ungeheure Menge Christen,* darunter wohl auch der Apostel Petrus, zum Vergnügen des Volkes unter grausamen Martern getötet worden waren. Im 11. Jahrhundert stand auf der Friedhofsanlage ein Hospital für arme Pilger und Kranke. Dann verfiel alles.

In der Mitte des 15. Jahrhunderts, als das *Heilige Jahr* 1450 viele Pilger nach Rom führte, wurden der Friedhof und seine halbverfallene Kirche wieder hergestellt, damit eine der deutschen Mentalität angepaßte Beerdigungsstätte für die während der Pilgerfahrt in Rom verstorbenen Deutschen zur Verfügung stand. 1454 schlossen sich die deutschen Angehörigen der Kurie zu einer Armenseelen-Bruderschaft zusammen, die 1597 als *Erzbruderschaft Unserer Lieben Frau auf dem Gottesacker bei Sankt Peter* die Rechtsträgerschaft über den *Campo Santo* übernahm. Sie ist auch heute noch Träger der ältesten deutschen Nationalstiftung in Rom [45, S. 1 ff.]. Auf dem Gottesacker der Deutschen, *ein Schwalbennest am Riesendom - ein deutsches Heim im Ewigen Rom*, wie Anton de Waal diesen stillen Ort nannte [107, Nr. 108], sind ungezählte Tote bestattet, berühmte und unbekannte. Die ältesten Gräber sind nicht mehr erhalten. Auch die Grabstelle Regiomontans existiert nicht mehr.

In den Gebäuden ist ein Priesterkolleg untergebracht sowie das Institut der Görres-Gesellschaft [26, S. 76 ff.]. Am Rande des *Campo* stehend und dennoch Mittelpunkt ist die Kirche, die vom Friedhof zugänglich ist. Als Regiomontanus 1475 nach Rom kam, wurde mit dem Neubau dieser Kirche (Einweihung 1501) gerade begonnen. Die letzte Restaurierung erfolgte 1972 - 1975. Das neue Kirchenportal stiftete 1957 Bundespräsident Theodor Heuß. Auf der linken Portalseite sieht man Maria mit dem Kind, darunter das Wappen der Erzbruderschaft, eine Verbindung von Doppeladler und Pietà. Auf dem rechten Torflügel hat der Künstler, der Kölner Elmar Hillebrand, ein Auferstehungsbild geschaffen. Gleich links neben dem prächtigen Portal finden wir an der Kirchenmauer die Tafel zum Gedenken an Regiomontanus eingelassen.

Die Gedenktafel ist nicht sehr alt. Sie wurde im Rahmen einer Feierstunde am 11. Oktober 1977 im *Campo Santo* der Öffentlichkeit übergeben. In der Abenddämmerung dieses Tages hatte sich im Kreuzgang vor der Kirche, neben Prof. Dr. Gatz, dem Rektor der Stiftung, und dem aus dem Haßgau stammenden Pater DDr. Heussinger, ein kleiner Interessentenkreis aus der Heimat Regiomontans zusammengefunden. Der Bürgermeister der Regiomontanusstadt Königsberg führte u. a. aus:

Es liegt, so meine ich, in der Natur des Menschen, daß er es für wichtig hält zu wissen, wo die Grabstätte eines beliebten Toten ist; daß er es für nötig hält, sie zumindestens kenntlich zu machen. Diesen Auftrag haben wir am heutigen Tage gegenüber Regiomontan erfüllt.

Abb. 28: Gedenktafel im Campo Santo Teutonico

Das Rätseln um die Todesursache begann. Vierzig Jahre Lebensdauer waren auch für damalige Zeiten noch kein so hohes Alter, als daß ein natürlicher Tod zu erwarten gewesen wäre. 1482 tauchte erstmals das Gerücht auf, Regiomontanus sei einem *unerhörten Verbrechen* zum Opfer gefallen. Nach 1512 wurde ein Giftmord als Todesursache ins Gespräch gebracht, und zwar begangen von den Söhnen des Trapezunt, die wegen der Schmähung ihres Vaters durch Regiomontanus auf diese Weise Rache genommen hätten [126, S. 179]. In der Königsberger Chronik 1754 ist das so formuliert: *Joh. Regiomontanus, der berühmte Mathematicus, von Königsberg bürtig, welchem in Italien mit Gift soll vergeben worden sein.* Man wußte nichts Genaues. Immerhin kamen Morde an der römischen Kurie vor. Th. Frenz konnte unter den 2 200 Mitgliedern der päpstlichen Kanzlei von 1471 bis 1527 insgesamt 14 gewaltsame Todesfälle nachweisen, davon 6 Morde, darunter 1 Giftmord [22, S. 239].

Die Ermordung durch die Söhne Trapezunts ist aber weniger wahrscheinlich. Trapezunts Sohn Andreas hatte sich zwar in dem Streit mit Bessarion als energischer Verteidiger seines Vaters gezeigt. Aber es gab im Freundeskreis Bessarions andere, die weit schärfer als Regiomontanus Trapezunt angegriffen hatten, so z. B. Niccolo Perotti, der Georg von Trapezunt als *stinkenden Bock*, den man mit den Füßen nach oben aufhängen sollte, und als

Auswurf der Menschheit bezeichnete [81, S. 356, 387 f.]. Schedel gibt 1493 an, daß der Sternforscher Johann von Königsberg an einer Krankheit gestorben sei. Welche Krankheit es war, kann nur vermutet werden. Infolge einer Überschwemmung des Tiber im Januar 1476 war eine Seuche ausgebrochen, an der viele Römer starben. Der Papst hatte im Frühjahr 1476 schleunigst Rom verlassen und hielt sich bis zum Herbst in Foligno auf. Regiomontanus war in Rom geblieben und wurde wohl ein Opfer dieser pestartigen Seuche [126, S. 179].

Den Todestag 6. Juli 1476 hat der französische Philosoph und Mathematiker Petrus (Pierre) Gassendi überliefert. Gassendi (1592 - 1655) war ab 1645 Professor am Collège Royal in Paris. Er hinterließ im großen und ganzen verläßliche Lebensbeschreibungen, u. a. von Peuerbach und Regiomontanus. Schedels Sterbezeitangabe Juni/Juli 1476 ist zu ungenau. Der Nürnberger Thomas Gechauff vermerkte in einer um 1544 verfaßten Handschrift (Stadtbibliothek Nürnberg Cent V, 15) bereits ein ungefähres Datum, indem er *um den 8. Juli 1476* festhielt. Gassendi dagegen gibt den Sterbetag Regiomontans genau mit 6. Juli 1476 an. Dieses Datum ist allgemein übernommen worden und galt im 19. Jahrhundert als verbindlich. Heute wissen wir, daß der von Gassendi angegebene Sterbetag Regiomontans zwar strittig sein könnte. Dennoch sollte es, weil dieses Datum am längsten galt, bei der Angabe Gassendis bleiben, gewissermaßen als "amtliche" Feststellung des Todeszeitpunktes, wie es im Rechtsleben gebräuchlich ist.

Der Nachlaß Regiomontans wurde verteilt. Zunächst mußten Werkstatt und Druckerei schließen, weil ohne den Meister Johannes nichts lief. Die Einrichtung kam auf den Markt. Die Bücher und Geräte erlebten einen abenteuerlichen Besitzerwechsel. König Matthias Corvinus schickte im Herbst 1478 eigens den Dominikaner Hans Dorn nach Nürnberg, um für den König alles anzukaufen, was aus dem Nachlaß erhältlich war. Dorn mußte unverrichteter Dinge nach Ungarn zurückreisen, weil Bernhard

Walther den ganzen Besitz Regiomontans übernommen hatte und nichts hergab. Walther erklärte in seinem Testament, wie er in den Besitz der kostbaren Hinterlassenschaft gekommen war. Der Nachlaß war zur Hälfte an die Erben Regiomontans gefallen, die andere Hälfte erhielt Conradus Scherp. Die Vermutung, warum Scherp bedacht wurde, ist bereits geäußert worden. Wahrscheinlich hatte er gegenüber Regiomontanus entsprechend hohe Forderungen, so daß der Rat der Stadt Nürnberg, der in der Nachlaßregelung eingeschaltet war, die Abgeltung auf diese Weise erledigte. Ein Verwandter Regiomontans war Scherp jedenfalls nicht, denn sonst wäre er als Erbe aufgetreten. Das war aber nicht der Fall. Die Erben mußten erst gesucht werden. Die Schwester Regiomontans Catharina lebte noch († um 1490). Es wird die angeheiratete Verwandtschaft in Königsberg gewesen sein, die ihren Hälfteanteil an Bernhard Walther verkaufte. Die andere Hälfte erwarb Walther von *Herrn Conrat Scherppen* [126, S. 8, 183].

Walther beherrschte die lateinische und griechische Sprache, übersetzte und verfaßte auch einige Abhandlungen. Seine Hauptaufgabe sah er jedoch in der Fortsetzung der Beobachtungsreihe, die Regiomontanus begonnen hatte. Regiomontans Bücher behütete er in seinen Kisten wie einen kostbaren Schatz und erlaubte niemanden, sie einzusehen. Die übernommenen astronomischen Geräte Regiomontans benutzte er für die Himmelsbeobachtungen, die er seit etwa 1502 nach dem Einbau von Giebelfenstern vom späteren Dürerhaus (1501 gekauft) ausführte. Als Walther am 19. Juni 1504 starb, hinterließ er wertvolle Beobachtungsergebnisse von fast 30 Jahren, auf die Tycho Brahe und Johannes Kepler zurückgreifen konnten.

Nach Walthers Tod begann der Ausverkauf seines Vermögens. Die Testamentsvollstrecker Marx Pfister und Jörg Kötzler wollten hohe Preise erzielen und verkauften Einzelstücke, anstatt den wissenschaftlichen Nachlaß, wie von Walther gewünscht, geschlossen zu veräußern. Kaiser Maximilian I. interessierte sich 1515 für eine Abschrift aus dem Bestand Regiomontans, es war

dessen Deutung der Geburtsgestirnung von 1454, und war ärgerlich, daß es dabei Schwierigkeiten gab. Dem sächsischen Kurfürsten Friedrich den Weisen wurden 1512 Bücher des *hervorragendsten Astronomen Regiomontan* angeboten. Die geforderten 1 000 ungarische Gulden waren dem Fürsten aber zuviel Geld. Bücher und Geräte gingen nach Krakau und Italien. 146 Bücher kaufte 1519 der humanistisch eingestellte Patrizier Willibald Pirckheimer, von denen einige 1530 an Johannes Schöner und andere Humanisten gelangten. Den Rest übernahm die Nürnberger Ratsbibliothek [126, S. 169, 172, 184 ff.], [87, S. 98].
Bücher und Handschriften Regiomontans erwarb auch der Astronomen-Theologe Johannes Werner. Albrecht Dürer kaufte 10 Bücher zum Preis von 10 Gulden, darunter Euklids *Elemente* in der Abschrift Regiomontans. Joachim Rheticus nahm 1542 einige Handschriften Regiomontans mit nach Ostpreußen. Geräte wurden auch gestohlen (1514), wertvolle Handschriften verschwanden. Schöners Sohn Andreas übernahm nach dem Tode seines Vaters († 1547 in Nürnberg) den größten Teil seiner Bücher, darunter kostbare Werke Regiomontans, und nahm alles mit, als er Nürnberg verließ. Der Nürnberger Sammler und Geschichtsschreiber Christoph Gottlieb Murr (1733 - 1811) besaß aus dem Bestand Pirckheimers drei Handschriften des Königsberger Meisters, und zwar die Dreieckslehre, die Verteidigung Theons und die Streitschrift gegen Jacopo d Angiolo. 1805 überließ Murr diese Handschriften dem Zaren Alexander I. Er wurde dafür reich belohnt. Der Zar schenkte ihm einen Ring im Werte von 2 000 Gulden. Die Werke Regiomontans, die nach Rußland gingen, sollen vordem der Stadtbibliothek Nürnberg gehört haben und von dem Zoll- und Waagamtmann C. G. v. Murr widerrechtlich in Besitz genommen worden sein. Die Handschriften befanden sich lange Zeit in der russischen Sternwarte Pulkowo bei St. Petersburg und sollen jetzt im Urkundenarchiv der Russ. Akademie der Wissenschaften St. Petersburg liegen [126, S. 187, 190 f.], [87, S. 78 f.]. So wurden Regiomontans Werke in alle Welt zerstreut, nicht in-

folge unglückseliger Kriegshandlungen, wie es mit vielen anderen Sammlungen passiert war, sondern durch die Geldgier von Zeitgenossen, die mit Regiomontans geistigem Gut Geschäfte zu machen trachteten. Regiomontans Erbe wäre möglicherweise untergegangen, wenn es nicht einen Johannes Schöner gegeben hätte. Schöner, am 16. Januar 1477 in Karlstadt am Main geboren, studierte in Erfurt Theologie, Medizin und die gerade im Aufschwung befindlichen mathematischen Wissenschaften. 1500 wurde er zum Priester geweiht. Längere Zeit verbrachte er in Bamberg, wo er 1510 und 1511 über die mittägliche Sonnenhöhe zur Frühlingstag- und Nachtgleiche Beobachtungen anstellte.

Abb. 29: Johannes Schöner aus Karlstadt am Main (1477 - 1547)

Aufsehen erregte der Bamberger Priester mit seinem Werk, das den, für die damalige Zeit typischen überlangen Titel trägt:

Luculentissima quaedam Terrae totius descriptio cum multis utilissimis cosmographiae initiis, novaque et quam ante fuit, verior Europae nostrae formatio, praeterae fluviorum, montium, provinciarum, urbium et gentium quam plurimorum, vetustissima nomina recentioribus admixta vocabulis, multa etiam quae diligens Lector nova usuique futura inveniet cum globis cosmographicis.

So lang der Titel auch sein mag, so enthält er doch Hinweise auf die Vorzüge einer von Schöner hergestellten Erdkugel, die diese Schrift beschreiben und erläutern soll: Eine Darstellung der gan-

zen Erde mit der wahrheitsgetreuesten Darstellung Europas und so vielen alten und neuen Namen von Flüssen, Gebirgen, Provinzen, Städten und Völkern wie nur möglich, dazu viel Neues, dessen Nützlichkeit der Leser bald erkennen werde. Im Text ist bei den einzelnen Städten die geographische Breite und Länge angegeben, außerdem sind die Ortsheiligen benannt und die berühmten Männer des jeweiligen Ortes, wie Johannes de Monte Regio bei Königsberg in Franken, Pirckheimer, Werner, Heynfogel und Etzlaub bei Nürnberg und Bischof Georg von Limpurg und sein Gönner Johannes Sayler bei Bamberg. Erstmals erscheint auf einem Globus der Kontinent Amerika. Das Werk, das dem Bamberger Bischof Georg III. von Limpurg gewidmet war, wurde 1515 in Nürnberg bei Joh. Stüchs verlegt.
Schöner hatte ein handwerkliches Geschick. Wie Regiomontanus auch, richtete er sich eine Hausdruckerei ein, um die Drucke nach seinem Bedürfnis ausstatten zu können. Er konnte nicht nur Drucken und Buchbinden, sondern auch Zeichnen, Malen, Formen und Schneiden, was ihm die schönsten, selbstgefertigten Erd- und Himmelsgloben gelingen ließ. Damit betrieb er, zum Leidwesen seiner Oberen, einen schwungvollen Handel. Der Absatzmarkt war Nürnberg. Sein größter Erdglobus von 1520, dessen Durchmesser dreimal so groß war wie derjenige der anderen Erdkugeln, wobei Meer, Länder und Gebirge farbig angelegt wurden, ist ein Prachtexemplar im Bestand des Germanischen Nationalmuseums in Nürnberg.
Schöner wurde in Nürnberg bekannt. Als die Stelle eines Professors für Mathematik an der neu gegründeten Höheren Schule zu besetzen war, bewarb er sich schließlich um die Stelle, weil er seinem Priesteramt nicht mehr voll nachgehen konnte. Er hatte in Nürnberg einflußreiche Befürworter. Die Höhere Schule in der Freien Reichsstadt Nürnberg eröffnete am 23. Mai 1526 der Wittenberger Universitätsprofessor Philipp Melanchthon mit einer eindrucksvollen Festrede. Er, der das angebotene Rektorat nicht annehmen konnte, brachte in das gerade evangelisch-lutherisch

gewordene Nürnberg seine besten Schüler und Freunde als neue Lehrer mit: Als Rektor und Lehrer der griechischen Sprache den 26jährigen Joachim Camerarius aus Bamberg; als Lehrer für lateinische Poesie den 38jährigen neulateinischen Dichter Helius Eobanus Hessus aus Halgehausen im Hessischen; als Lehrer für Dialektik und Rhetorik den 32jährigen Michael Röting aus Sulzfeld am Main. Dazu kam der Hebraist Bodenstein. Johannes Schöner wurde der erste Professor für Mathematik, Geographie und Astronomie am *Aegidianum* (das spätere Melanchthon-Gymnasium). Schöner bekam sehr bald Anschluß an den literarischen Kreis seines Gönners Willibald Pirckheimer (1470 - 1530), bei dem die geistige Elite Nürnbergs verkehrte. Zu Schöners Bekanntenkreis zählten der Patrizier Hieronymus Paumgartner; der Mathematiker und Mechaniker Georg Hartmann, der nach der Reformation sein geistliches Amt aufgab; die Nürnberger Geistlichen Thomas Venatorius (Gechauff) und Andreas Osiander, weiter Michael Röting, ebenso der hochgebildete Buchdrucker Johannes Petreius, der als erster griechisch gedruckte Bücher in Nürnberg herausbrachte. Wie konnte in diesem gelehrten Kreis Regiomontanus vergessen werden. Das Interesse ging aber zunächst über den Ankauf von Handschriften Regiomontans und den Stolz, sie zu besitzen, nicht hinaus.
Schöner, der auch in Nürnberg eine Hausdruckerei betrieb, erhielt Regiomontans Handschriften von Pirckheimer und auch als Leihgabe aus der Ratsbibliothek. Das ergibt sich aus einem Brief aus dem Jahre 1540. Camerarius, zu dieser Zeit nicht mehr in Nürnberg, sondern Professor in Tübingen, schrieb besorgt an den Patrizier Paumgartner, den Mitbegründer und Protektor der Höheren Schule, ihm sei das Gerücht zugetragen worden, Johannes Schöner sei gestorben. Er hoffe zwar, es stimme nicht. Aber sollte es richtig sein, bitte er Paumgartner herzlich, die Schöner vom Rat anvertrauten Regiomontanusbücher und Handschriften unter seine Obhut zu nehmen [53, S. 1 ff.]. Der Senator Paumgartner ließ es trotz des Hinweises auf den großen Wert der Bücher Re-

giomontans zu, daß Schöners Sohn nach dem Tod seines Vaters Johannes Schöner 1547 den wertvollen Privatbestand Schöners aus Nürnberg wegführte, ohne daß Verhandlungen über einen Ankauf erfolgten [126, S. 190]. Johannes Schöner begann mit dem Druck einiger Werke Regiomontans nach dem Tod des hochangesehenen Willibald Pirckheimer († 1530). 1533 druckte er Regiomontans Dreieckslehre, bestehend aus 5 Büchern. Schmeidler:

Als im Jahre 1533 die Dreieckslehre ... im Druck erschien, erhielt Copernicus sehr bald ein Exemplar. Das Studium dieses Werkes veranlaßte ihn dann zu zahlreichen Änderungen und Ergänzungen im Manuskript seines damals noch unpublizierten Hauptwerkes, die noch heute deutlich als solche erkennbar sind [100, S. XVII f.].

Ebenso erschien 1533 Schöners Werk *Opusculum geographicum.* Bei einem Kapitel dieses Werkes wird als Autor Regiomontanus genannt. Es ist nicht ganz geklärt, ob das tatsächlich zutrifft. Für die 1536 gedruckte *Tabulae astronomicae, Authore Joanne de Monte regio, Mathematica clarissimo* schrieb Philipp Melanchthon das Vorwort. 1537 wurde in dem von Schöner herausgegebenen Buch *Rudimenta astronomica Alfragani* die Einführung abgedruckt, die Regiomontanus bei seiner Vorlesung in Padua 1464 vorgetragen hatte. Diese Einführung ist weniger wegen der dort behandelten Astrologie, sondern deshalb so bedeutend, weil Regiomontanus einen Überblick über die Geschichte der Mathematik gab und damit einen kulturhistorischen Beitrag leistete, der in dieser Zusammenfassung erstmalig war [100, S. XV]. Neben weniger bedeutenden Schriften Regiomontans gab Schöner 1544 einen Sammelband heraus, der wichtige Arbeiten Regiomontans enthält [100, S. XXII]; darunter auch die Kometenschrift. Schmeidler bedauert, daß der Sammelband erst 1544 herausgegeben werden konnte. Er stellt fest, daß Regiomontans Kometenschrift und deren Anweisungen für die Bestimmung der räumlichen Bahn von Kometen einige Bedeutung gehabt haben. Auch die Planetenbeobachtungen Regiomontans, die erhebliche Abweichungen von der überlieferten ptolemäischen Lehre aufweisen, hätten bei früherer Veröffentlichung der Wissenschaft

TABVLAE
ASTRONOMICAE, QVAS
uulgo, quia omni difficultate & obſcuritate carent,
RESOLVTAS uocant. Ex quibus cum erratico-
rum, tum etiam fixorum ſiderum, motus, tam ad
præterita quàm futura, quantumuis etiam
longa ſecula, facillime calculari poſſunt,
per Ioannem Schonerum Mathema
ticum diligentiſſimum corre-
ctæ & locupletatæ.

Ratio, ſiue ἀπόδειξις duodecim domorum cœli,
Authore Ioanne de Monte regio,
Mathematico clariſſimo.

Præfatio D. Philippi Melanchthonis in
eaſdem Aſtronomiæ commendatoria.

Norimbergæ apud Io. Petreium, anno
M. D. XXXVI.

Abb. 30

vielleicht manche Unklarheit ersparen können.

Bei allem Bemühen, die Drucke nach den Originalen auszuführen, unterliefen Schöner einige Fehler, die z. B. dann auftraten, wenn Schöner eine Handschrift Regiomontans abschreiben mußte, um sie für den Druck verwendbar zu machen. Bei der Dreieckslehre (1533) passierte es dann, daß er beim Abschreiben nicht nur von Regiomontanus durchgestrichene, sondern auch unterstrichene Sätze wegließ. Durch diese Weglassungen gingen manche Hinweise Regiomontans verloren [56, S. 293]. Abgesehen von solchen "Schönheitsfehlern" wurden Schöners Drucke eine wissenschaftliche Quelle ersten Ranges.

Das Buchdruckerhandwerk in Nürnberg erlebte seit Regiomontanus einen ungeheuren Aufschwung, wie überhaupt die alte Reichsstadt in der Zeit der Frührenaissance in einer geistigen Hochblüte stand. Nur in einer solchen Atmosphäre des geistigen und materiellen Aufschwungs konnte 1493 ein Werk entstehen, *das wie kaum ein anderes ein Zeugnis ablegte über das ausgehende Mittelalter, aber bereits hinwies auf das wachsende Interesse der Menschen am Erkennen der Natur*. Der Arzt Hartmann Schedel (1440 - 1514) hatte viele Jahre lang historische Nachrichten gesammelt und besaß die umfangreichste Privatbibliothek in Nürnberg, die übrigens nach seinem Tode nicht wie andere verschleudert, sondern Grundstock der Bayerischen Staatsbibliothek wurde. Dr. Schedel beabsichtigte, auf Grund seiner Unterlagen eine Weltchronik zu schreiben und herauszugeben. Dazu bedurfte es vieler Mitarbeiter. Schedel wohnte unterhalb des Burgberges in unmittelbarer Nachbarschaft der Familie Dürer und der Patrizierfamilien wie der Behaim, Stromer, Kress u. a. In der Nähe hatten der Schreibmeister Neudörffer, Michael Wolgemut, Sebald Schreyer ihre Häuser. Die Schedelsche Weltchronik 1493 war eine gutnachbarliche Gemeinschaftsleistung.

Die Illustrationen besorgte Michael Wolgemut und ab 1491 zusätzlich als Partner Wilhelm Pleydenwurff. Für die Chronik mußten 645 Holzstöcke angefertigt werden, um 1809 Holzschnitte drucken zu können. Die Weltchronik wurde das bilderreichste Werk, das in der Frühzeit des Buchdrucks im Abendland entstanden ist. Drucker war Anton Koberger, der als bedeutendster Drucker Deutschlands galt. Die Finanzierung der Chronik übernahm Sebald Schreyer zusammen mit seinem Schwager [95, S. 7, 15, 18, 33].

Schedels humanistische Gesinnung zeigte sich darin, daß er Biographien der italienischen und deutschen Vertreter der *neuen Bildung* in seiner Weltchronik veröffentlichte. Dazu zählte in erster Linie der berühmte *Johannes Königsperg*, der seinen Platz auf dem Blatt CCLV erhielt. Auf dem gleichen Blatt wird das Schicksal eines anderen Franken festgehalten, der ebenfalls im Juli 1476 gestorben ist: Hans Böhm, genannt der Pauker von Niklashausen. Böhm, ein Hirte aus dem Taubertal, suchte sich mit seiner Begabung einen eigenen Weg der Verkündigung des christlichen Glaubens, predigte gegen die Mißstände in der Kirche und gegen die ungerechte soziale Ordnung. Der *Paukerhans* hatte überall dort, wo er sprach, einen großen Zulauf. Er bekam aber sehr schnell seinen Prozeß und wurde auf dem Scheiterhaufen in Würzburg verbrannt [115, S. 91 f.].

Zwei Franken, deren Leben tragisch endete und die nebeneinander in der Weltchronik gewürdigt wurden: Der Wegbereiter der copernicanischen Wende aus Königsberg und der sozialrevolutionäre Verkünder aus Niklashausen. Beide waren sie im Denken und Wollen ihrer Zeit weit voraus.

Abb. 31: Abbildung in der Schedelschen Weltchronik 1493

Regiomontanus und Kolumbus

Am 12. Oktober 1492 landete Christoph Kolumbus mit den Karavellen *Pinta* und *Nina* sowie mit seinem etwas größeren Flaggschiff *Santa Maria* auf der Insel Guanahani, die Kolumbus *San Salvador* nannte. Als der Entdecker die Watlings-Insel, wie sie heute heißt, betrat, war der erste Schritt in die Neue Welt getan.

Abb. 32: Weltbildvorstellung 15. Jahrhundert (zeitgemäßer Holzschnitt)

Kolumbus wagte die Überfahrt zu einer Zeit, als die Voraussetzungen für ein solches Vorhaben erst zu reifen begannen. Renaissancehumanisten hatten das Wissen der Antike um die Kugelgestalt der Erde weiterverbreitet. Der Gedanke wurde nicht sogleich Allgemeingut, sondern erfaßte erst einmal die gelehrte Oberschicht. Auch Regiomontanus ging davon aus, daß die Erde eine Kugel ist und hat ganz sicher mit dazu beigetragen, daß sich dieses Wissen festigte. Überwunden war aber noch nicht überall die Vorstellung, daß die Erde eine Scheibe sei und daß ein Schiff, würde es an den Rand dieser Erdscheibe ankommen, unweigerlich ins Ungewisse abstürzen müßte [103, S. 42], [49, S. 240]. Es wäre daher ratsam, immer in Küstennähe zu bleiben. Selbst wenn die Erde eine Kugel sei, sagten Zweifler, könnte ein Schiff niemals zurückkehren, weil es unmöglich wäre, die Erdkrümmung segelnd gewissermaßen bergaufwärts zu überwinden [88, S. 180]. Seeleute waren zu allen Zeiten von einem tiefen Aberglauben erfaßt. Sie glaubten an die schrecklichen Dinge, die man in den Kneipen und Gassen der Hafenstädte erzählte und fürchteten sich, daß ihnen Ähnliches widerfahren könnte. Die Vorstellung vom unbekannten Meer, diesem Tummelplatz von Ungeheuern und Fabelwesen, und die Angst vor der unheimlichen Wasserfläche mit den tückischen Stürmen, die jedes Schiff in die Tiefe rissen, waren weit verbreitet. Auch gegen diesen Aberglauben hatte sich Kolumbus durchzusetzen, und es ist erstaunlich, wie er sich selbst von solchen Vorstellungen zu lösen vermochte. Die Feststellung in einem geographischen Standardwerk von Pierre d` Ailly, am Äquator würden wegen der großen Hitze alle Schiffe verdampfen, wischte er mit der Bemerkung vom Tisch: *Mare totum navigabile* (das ganze Meer ist befahrbar) [85, S. 15, 18 f.]. Unbeirrt verfolgte er seine Idee, Asien westwärts über den Atlantik zu erschließen.

Bestärkt wurde Kolumbus in seiner Überzeugung durch eine auf den neuesten Wissensstand gebrachte Weltkarte, die der Florentiner Paolo Toscanelli (1397 - 1482) angefertigt hatte. Die in ein Gradnetz eingespannte Karte des Atlantischen Ozeans zeigte im Osten die Umrisse Westeuropas und Westafrikas (Guinea), im Westen die Territorien von *Zipangu* (Japan) und des Großkhans von China. Dazwischen lag nichts [88, S. 130]. Die Originalkarte ging leider verloren. Sie könnte in einer Seekarte, die sich im Besitz des Kardinals Bessarion (gestorben 1472) befand, einen Vorläufer gehabt haben. Regiomontans Mitwirkung an dieser Karte ist wahrscheinlich [126, S. 68]. Johannes Müller hatte enge Beziehungen zu Kardinal Bessarion. Er stand auch im Briefwechsel mit Toscanelli, der im Bekanntenkreis über seine Idee, daß der Atlantik vom europäischen Westen her zu überwinden sei, schon

sehr frühzeitig offen diskutierte [49, S. 242].
Regiomontanus selbst hatte sich bereits in seiner Wiener Zeit mit geographischen Problemen beschäftigt. Auf astronomischem Weg bestimmte er zum Beispiel die Position von Wien neu, was beträchtliche Auswirkungen auf die Kartographie hatte [114, S. 24]. Wiener Gelehrte, vielleicht Peuerbach und Regiomontanus, sollen es auch gewesen sein, die die Mißweisung des Kompasses entdeckten und sie bei ihren Sonnenuhren berücksichtigten. Kolumbus müßte die Mißweisung der Magnetnadel von den flämischen Schiffskompassen her gekannt haben. Die mitgeführten genuesischen Kompasse waren dagegen nicht bereinigt [123, S. 22], so daß Kolumbus wegen der Abweichung am 13. und 14. September 1492 an Bord Ärger mit seiner Besatzung bekam [37, S. 83 f.]. Das Interesse Regiomontans an geographischen Fragen verringerte sich im Laufe der Jahre nicht. In Nürnberg wollte er im Selbstverlag die *Cosmographia Ptolemei* mit entsprechender Kommentierung herausgeben [117, S. 61 f.]. Das setzte umfassende Kenntnisse auf diesem Gebiet voraus. Der Gedankenaustausch zwischen den Gelehrten Regiomontanus und Toscanelli wird dieses Thema nicht ausgelassen haben, wobei in diesem Falle vorauszusetzen ist, daß Regiomontanus zu den Fragen des Florentiners Stellung bezogen und dessen Ideen bereichert hat.
Der italienische Arzt und Naturforscher Toscanelli ging einen Schritt weiter. Er verfaßte am 25. Juni 1474 einen Brief an den Kanonikus Fernau Martinez, in Lissabon Beichtvater des portugiesischen Königs Alfons V., und legte unter Beigabe seiner Karte dar, daß es möglich sei, die Gewürzländer Asiens über den kürzeren westlichen Seeweg besser zu erreichen. Der mühselige und gefahrvolle Karawanenweg über das Festland könnte damit abgelöst werden. Der König zeigte sich desinteressiert. Für Kolumbus, der in Lissabon von diesem Brief erfuhr, waren die Ausführungen allerdings von großer Bedeutung. Toscanelli schrieb, daß Ostasien auf der Westroute nur den dritten Teil des Erdumfanges von Westeuropa entfernt sei, eine Entfernung, die eine Seefahrt zu

fremden Ufern allein von der voraussichtlichen Fahrzeit her realistisch erscheinen ließ [49, S. 231 ff.]. Kolumbus besorgte sich von Toscanelli Kopien des Schreibens und der Seekarte. Er nahm die wertvollen Unterlagen, als er 1485 Lissabon verließ, mit nach Spanien. Was Kolumbus zu diesem Zeitpunkt nicht wissen konnte, war, daß sich Toscanelli bei der Entfernungsangabe irrte. Das war für Kolumbus nicht so entscheidend. Er machte eine eigene Rechnung über die Breite des Weltmeeres zwischen Portugal und Asien auf, die ebenso falsch war, die aber seiner Wunschvorstellung, eine für ein Segelschiff überwindbare Strecke vor sich zu haben, sehr nahe kam [72, S. 124 f.]. Es sollte nicht der einzige Berechnungsfehler sein, der Kolumbus unterlief. Das ging anderen ebenso. Um exakte Berechnungsergebnisse zu erhalten, war die Zeit noch nicht reif. Es gab mehr oder weniger große Abweichungen von der tatsächlichen Rechnung. Berücksichtigt man die Zeitumstände, sind dennoch erstaunliche Ergebnisse erzielt worden.

Eine weitere Entwicklung kam hinzu. In der Mitte des 15. Jahrhunderts hatte sich der Schiffbau verbessert. Auf einer Werft in der Normandie wurde ein neuer Schiffstyp entwickelt, dessen Außenwandplanken nicht mehr überlappt werden mußten, sondern durch *Nut* und *Feder* ineinandergefügt wurden, so daß der Schiffskörper einem schweren Wellengang besser standhalten konnte [120, S. 9]. Die *Karavelle*, so nannte man dieses neue Schiff, war ein hochseetüchtiges Segelboot, mit dem ein hervorragender Kapitän einiges wagen konnte.

Kolumbus hatte den Wagemut und die seemännische Erfahrung, die ihn für eine große Aufgabe prädestinierten. Er war so begabt, daß er mit 21 Jahren als Kapitän ein Schiff führen konnte. Als Autodidakt lernte er Mathematik, Astronomie, Geographie und Arithmetik, soweit er diese Kenntnisse für die Seefahrt brauchte [88, S. 148 f.]. Allerdings war es um die Kunst der Nautik und der zuverlässigen Orientierung auf See im 15. Jahrhundert in der Regel schlecht bestellt.

Die Hilfsmittel der sogenannten Koppelnavigation waren lediglich Kompaß, Karte, Zirkel und Sanduhr. Das war auch die Grundausstattung, die Kolumbus benutzte. Trotz dieses primitiven Instrumentariums erwarb er sich einen großen Ruf als Nautiker und galt schon seinen Zeitgenossen *nautisch als fast ein Orakel und eingeweiht in ozeanische Geheimnisse* [49, S. 435]. Das kam nicht von ungefähr. Unermüdlich bemühte er sich, Neues zu erfahren, um seine Kenntnisse auf dem laufenden zu halten. Der Einstieg in die Hochseeschiffahrt erforderte es, alle sich bietenden Möglichkeiten für eine Verbesserung der Genauigkeit der Positionsbestimmung auf See nutzbar zu machen.

Neues brachte Martin Behaim (1459 - 1507) nach Portugal. Als Sohn einer angesehenen Patrizierfamilie in Nürnberg geboren, verbrachte er seine Jugendzeit in der freien Reichsstadt. Behaim war 12 Jahre alt, als Regiomontanus 1471 nach Nürnberg übersiedelte. Wenn auch Behaim, der Familientradition entsprechend, Kaufmann werden sollte, so interessierte ihn weit mehr, was im Nachbarhaus des Bernhard Walther (1430 - 1504) geschah. Regiomontanus hatte Walther als Mitarbeiter gewinnen können. Die rege Tätigkeit, die der berühmte Astronom in Nürnberg entfaltete, wird sich zum Teil im Hause des Bernhard Walther abgespielt haben und von der Behaimschen Nachbarschaft nicht unbeachtet geblieben sein [66, S. 495 ff.].

Regiomontanus stand mit maßgebenden Gelehrten in Verbindung, sammelte geographische Nachrichten, arbeitete unablässig an der Verbesserung astronomischer Instrumente, fertigte Kompasse und Himmelsgloben, Astrarien und Astrolabien, Jakobstäbe und sonstige Kunstgegenstände an, wobei ihm hervorragende Nürnberger Mechaniker zur Seite standen. 1474 kamen Regiomontans *Ephemeriden* heraus. Solche Jahrbücher gab es zwar bereits vordem. Die Tabellen des Königsberger Meisters waren aber wegen ihrer Genauigkeit unübertroffen [100, S. XX]. Die *Tabula directionum*, 1467 in Ungarn erarbeitet, lag in Nürnberg vor und kursierte in zahlreichen Abschriften. Als eine der ersten Deklinationstafeln konnte sie der Auswertung von Sonnenhöhenmessungen für die Positionsbestimmung dienen [103, S. 41]. Die *Tabula directionum* erschien als Druckausgabe 1490. Sie erlebte bis 1626 elf weitere Auflagen.

Regiomontans Nürnberger Wirkungsstätte, dazu gehörte auch die Sternwarte, wurde die Schule des jungen Martin Behaim. Vermutlich durch die Nachbarschaft Walther - Behaim begünstigt, nahm sich Regiomontanus des wißbegierigen Knaben an und gab ihm das mathematische und astronomische Wissen mit auf den Weg, das Behaim zu einem weltbekannten Kosmographen und Seefahrer werden ließ. Sein berühmter *Erdapfel,* der erste Globus in Kugelform, 1492/93 in Nürnberg angefertigt, wird im dortigen Germanischen Nationalmuseum aufbewahrt [89, S. 295].

Daß sich Behaim seine Kenntnisse in Nürnberg bei Regiomontanus erworben hat, wird von manchen Historikern angezweifelt [49, S. 434], weil Behaim, als er 1476 die Reichsstadt verließ, um als Tuchhändler in die Niederlande zu gehen, erst knapp 17 Jahre alt gewesen sei. Dem muß entgegengehalten werden, daß das jugendliche Alter kein Grund sein kann, um eine Lernzeit bei Regiomontanus in Zweifel zu ziehen. Die wissenschaftliche Ausbildung begann in diesen Zeiten sehr früh, je nach Begabung des Studienanwärters. Regiomontanus wird die überdurchschnittliche Begabung Behaims erkannt haben und dachte möglicherweise an sein eigenes Studium, das er noch früher, nämlich mit 11 Jahren, in Leipzig begonnen und in dessen Verlauf er mit 16 Jahren das Baccalaureat der Artistischen Fakultät der *Alma Mater Rudolfina* in Wien abgelegt hatte. Der fränkische Astronom betrieb keine öffentliche Schule oder Akademie in Nürnberg. Die Vorstellung von einer "abgeschlossenen Lehre", die Behaim bei Regiomontanus absolviert haben soll, klingt ebenso zu offiziell und paßt nicht in das Bild der damaligen Zeit. Es ist mehr daran zu denken, daß sich das Lehrer-Schüler-Verhältnis zwischen dem Königsberger Magister und Behaim außerhalb einer Schule so entwickelt hat, wie es Regiomontanus mit seinem Lehrer Georg von Peuerbach (1423 - 1461) in Wien erleben durfte. Damals boten der Hausunterricht und die private Unterweisung dem jungen Johannes Müller aus Königsberg eine Wissensvermittlung, wie sie idealer nicht sein konnte. Behaim wird dort zugesehen und gelernt haben, wo sein Meister gerade tätig war. Denkbar wäre aber auch die Unterrichtung Behaims im Rahmen eines kleinen Interessentenkreises, den Regiomontanus fördern wollte. Regiomontanus reiste im Spätsommer 1475 zur Kalenderreform nach Rom. Daß Walther den interessierten Behaim bis 1476 weiter mitarbeiten ließ und an Beobachtungen, z. B. der Sonnenhöhen mit Berechnung der geographischen Breite, beteiligte, kann angenommen werden. Die Jahre 1471 bis 1476 gaben genug Zeit her, um sich tiefergehende Kenntnisse anzueignen.

Ab 1476 übte Behaim mit Sicherheit nach einer Tuchhändlerlehre in Mecheln den Beruf eines kaufmännischen Agenten vorwiegend in Antwerpen aus. Schiffsreisen nach Lissabon werden notwendig gewesen sein, weil der Warenaustausch zwischen Europa und Westafrika über Portugal ging. So haben Kontakte mit der portugiesischen Hauptstadt entstehen können. Die wirtschaftspolitischen Interessen des Königs Johann II. richteten sich dann zunehmend auf Flandern. Behaim siedelte daraufhin nach Lissabon um. Das müßte in der ersten Hälfte des Jahres 1484 gewesen sein [61, S. 71]. Als Handelsagent aus Flandern erhielt Behaim Zugang zum Hof, wurde dem König vorgestellt und konnte dessen Sympathien gewinnen.

Johann II. (1481 - 1495) betrieb, wie sein Vorgänger, die Fortsetzung der Entdeckungsfahrten. Die Seeleute wiesen aber immer wieder auf den Mangel an zuverlässigen Meßinstrumenten zur Ortsbestimmung hin [66, S. 516]. Der Stand der portugiesischen Navigation war zweifellos besser als der in anderen Ländern. Das Astrolabium und die Messung der Sonnenhöhen waren bekannt, aber noch ungeübt. Zur genauen Ortsbestimmung mußten die Seefahrer jedesmal an der Küste landen, um auf festem Boden ihr Instrument aufstellen zu können. Der portugiesische Chronist

Barros berichtete, daß selbst noch Vasco da Gama (ca. 1469 - 1524) an Land ging, um die Sonnenhöhe zu messen [119, S. 71 f.]. Die Schiffsführer mußten mit ihren Schiffen immer in Küstennähe bleiben.
Martin Behaim erkannte sofort die Marktlücke. Er verstand es, anders ist das Interesse der Portugiesen an seiner Person nicht zu erklären, auf seine astronomischen und nautischen Kenntnisse hinzuweisen, auf seine Beziehungen zu Nürnberg, der Stadt Deutschlands, in der verbesserte Meßinstrumente gebaut wurden und genauere Deklinationstabellen herausgekommen waren, und bezeichnete sich als einen Schüler des berühmten *Joao Monte Regio* (Regiomontanus), der eine neue Methode ausgearbeitet habe, mit der eine genaue Positionsbestimmung durch Messung an Sonne und Sternen auch auf hoher See möglich sein müßte [61, S. 74]. Alexander von Humboldt schreibt, daß *der Umstand, daß Behaim sich rühmte, ein Schüler des Regiomontanus zu sein, und daß er aus der Stadt war, in welcher der Papst Sixtus IV. dem Regiomontanus den Vorschlag hatte machen lassen, nach Rom zu kommen, um an der Verbesserung des Kalenders zu arbeiten, wesentlich dazu beitrug, seinen Ruf in der Kosmographie so schnell zu begründen* [119, S. 58 f.].
1484 wurde Martin Behaim als Mitglied in die *Junta dos Mathematicos* berufen, ein Gremium, das vom König beauftragt wurde, Lösungen für eine bessere Navigation zu finden. Es kann als sicher gelten, daß Behaim alles das, was er in Nürnberg an für die Schiffahrt brauchbaren Neuerungen gesehen und erfahren hatte, der Junta unterbreitete. Bei seinem Aufenthalt in seiner fränkischen Heimatstadt 1483, Bernhard Walther lebte noch, wird er sich auf den neuesten Wissensstand gebracht und möglicherweise Material nach Portugal mitgenommen haben [7, S. 55 f.]. Dem Einwand, wesentlich neue astronomische oder nautische Kenntnisse hätte Behaim dem König schwerlich vermitteln können, weil die seefahrerischen Techniken der Portugiesen auf einen hohen Stand gebracht worden seien, widerspricht bereits Joao

Barros 1551 mit dem Hinweis, daß die portugiesischen Seefahrer keine geeigneten Hilfsmittel besaßen, um vom Schiff aus zuverlässige Breitenbestimmungen vorzunehmen.

Abb. 33: Martin Behaim (1459 - 1507) wurde 1485 wegen seiner Verdienste um Portugal zum Ritter geschlagen

Ohne Zweifel ist Martin Behaim ein Bindeglied zwischen dem geistigen Zentrum Nürnberg und der portugiesischen Marine gewesen. Über die Junta und den königlichen Hof hat er mit Sicherheit den *Jakobstab*, das verbesserte *Astrolabium* und die *Ephemeriden* Regiomontans dort bekanntgemacht. Konkrete Aufzeichnungen darüber liegen nicht vor. Alles, was mit Entdeckungsfahrten zusammenhing, fiel unter ein strenges Staatsgeheimnis, so daß das Quellenmaterial spärlich ist. Dennoch läßt sich anhand der späteren Literatur Behaims Einfluß auf die portugiesische Seefahrt nachweisen. Die Neuerungen, die der Nürnberger den Portugiesen anzubieten hatte, können bei der Beschreibung der obenerwähnten Arbeiten Regiomontans deutlich gemacht werden.

Der *Jakobstab* war von dem jüdischen Sternkundigen Levi ben Gerson entwickelt worden. Der Naturwissenschaftler lebte von 1288 bis 1344 in der Provence. Einen *Jakobstab* brachte vermutlich Heinrich von Langenstein (gestorben 1396), der erste Rektor der Wiener Gesamtuniversität, von Paris nach Wien [35, S. 72]. Im 15. Jahrhundert gab es dann einige Schriften, die den *baculus Jakob* als ein handliches Gerät mit einem Querstab zur Messung der Höhe und Entfernung von Gebäuden beschrieben. Toscanelli benutzte 1433 einen *Jakobstab* bereits zur Ortsbestimmung eines Kometen. Peuerbach und Regiomontanus werden das Meßgerät in Wien kennengelernt haben.

Levis *Jakobstab* bestand aus einem ein Meter langen Hauptstab, auf dem sechs rechteckige Platten, davon zwei verschiebbar, angebracht waren. Am Ende des Stabes befand sich eine geschweifte Platte mit Rundungen für die Augen. Nach Ernst Zinner war es ein schwieriges Gerät, das nicht zuletzt wegen der schwer verständlichen Beschreibung Levis und seines Mißerfolges beim Abstandmessen zweier Sterne für Messungen am Himmel wenig geeignet erschien. Deshalb entwickelte Regiomontanus ein eigenes Meßgerät nach der antiken Vorgabe der *Regula Hipparchi.* Sein *Jakobstab,* Regiomontanus gebrauchte diese Bezeichnung nie, hatte auf dem Gradstock lediglich einen verschiebbaren Querstab *(regulella).* Am Augenende des Gradstockes sowie an den äußeren Enden des Querstabes befanden sich Nägel zum Anvisieren der Objekte. Levis Gerät wurde bei der Beobachtung aufgelegt oder durch einen Stab gestützt [113, S. 356 f.]. Regiomontans *Jakobstab* konnte dagegen frei Hand und bei einiger Übung auch auf einem schwankenden Schiff bedient werden [66, S. 519]. Aus diesen Gründen war Regiomontans Meßstab brauchbarer als Levis Erfindung. Mit Recht wurde das Gerät des Königsberger Meisters als vorbildlich betrachtet [126, S. 160 f.].

Die deutschen Seefahrer nannten den Stab *Gradstock,* die Engländer *cross-staff,* die Franzosen *arbalète,* die Portugiesen *balestilha.* Obwohl das kleine, genial einfache nautische Gerät leicht zu handhaben war, zeigte Behaims Einführung in Portugal zunächst keine Breitenwirkung. Die wohl erfolgte mündliche Unterweisung einiger Seefahrer, die wiederum eifersüchtig darauf bedacht waren, ihre Kenntnisse für sich zu behalten, reichte offensichtlich nicht aus. Es fehlte eine allgemeine Beschreibung, wie die Ergebnisse einer durch Verschiebung des Querstabes ermittelten Messung in Winkelwerte leichter umzurechnen sind. Kenner bedienten sich der *Kometenschrift*, die Regiomontanus 1472 verfaßte. Darin beschreibt er in verständlicher Weise die Handhabung des Gradstockes: "... (nach Messung) *lies die Anzahl der Teile ab, welche zwischen dem Punkt A und dem Querstab CD liegen, und gehe damit in eine eigens dafür bestimmte Tafel, deren Berechnung ich an einem anderen Ort erklären werde, und Du findest den Durchmesser des Kometen.*" Die Meßtechnik, die sich nicht nur für Kometenberechnungen eignete, war damit klargestellt, und mit der *Tafel* konnte nach Alexander Ziegler nur die *Tabula fecunda* gemeint sein, eine Tafel der trigonometrischen Tangenten, die in der *Tabula directionum* enthalten ist [119, S. 95]. Diese *Tabula directionum* erschien in deutscher, englischer und französischer Sprache und war vielseitig verwendbar. Als eine der ersten Deklinationstafeln stand die *Tabula directionum* jedenfalls bereits seit 1475 als Hilfsmittel zur Positionsbestimmung zur Verfügung [103, S. 41]. Sie kam, wenn nicht schon vorher in einer Abschrift, nach der Drucklegung nach Spanien. Ein Exemplar des Erstdruckes 1490 wird in der *Madrider Biblioteca National* aufbewahrt.

Es mag an den damals noch umständlichen Tafelwerken gelegen haben, daß sich der *Jakobstab* nicht bereits zu Behaims Lebenszeit als seemännisches Handwerkszeug (*Besteck*) hat einführen lassen. Das Gerät wurde erst ab dem 16. Jahrhundert bei der Marine verwendet [33, S. 354 f.]. Es diente der Schiffahrt bis ins 18. Jahrhundert. Das zu unterstellende, anfängliche Bemühen Behaims, Regiomontans *Jakobstab* für Seefahrten nutzbar zu machen, zeigte damit einen, wenn auch späten Erfolg. Der Hadleysche Spiegeloktant (1730) löste den *Jakobstab* ab.

Das andere wichtige Meßinstrument, das *Astrolabium* (vom griech. *Astrolabon* = Sternfasser), hatte eine lange Entwicklungszeit hinter sich, bis arabische Astronomen im 11. Jahrhundert die endgültige Form entwickelten. Bis zum 15. Jahrhundert hatte sich das Instrument in verschiedensten Variationen über Europa verbreitet. Es diente zur Höhenbestimmung der Sonne und der Gestirne, zur Höhen- und Winkelmessung und zur Zeitbestimmung. Regiomontanus fertigte eine Anzahl solcher *Astrolabien* an, verwendete das Instrument in Nürnberg (1471) hauptsächlich für rohe Höhenmessungen. Für Winkelmessungen hielt er den *Jakobstab* für geeigneter. Regiomontanus verbesserte das *Astrolabium* durch ein besonderes Kurvennetz zur Darstellung der *Häuser* [126, S. 8, 164]. Eine weitere Neuerung beschreibt A. Ziegler in seiner 1874 erschienenen Veröffentlichung. Nach Zieglers Auffassung soll Regiomontanus bei seinem 1468 geschaffenen *Astrolabium* erstmals die *stereographische Horizontalprojektion* eingeführt haben: *Durch diese Verbesserung wurde das Astrolabium ein vorzügliches Instrument, welches nicht nur geeignet war, die Höhe der Sonne oder Sterne zu messen, sondern auch ein Mittel bot, diese Beobachtung sogleich zu benutzen, um durch die gezeichnete stereographische Horizontalprojektion die geographische Ortsbestimmung festzustellen. Die Wichtigkeit dieses Messungsinstrumentes für die Vervollkommung der Seeschiffahrt ist in die Augen springend* [119, S. 87 ff., 90].

Alle großen Seefahrer dieser Zeit benutzten das in Nürnberg verbesserte Instrument für nautische Zwecke [119, S. 79, 81, 84]. Natürlich wurden in anderen Ländern ebenso *Astrolabien* hergestellt.

Die Meisterschaft in der Fertigung astronomischer Instrumente aber erzielten die Nürnberger Rotgießer, Kompaßmacher und Feinmechaniker, deren Kunsterzeugnisse weltberühmt wurden. Es darf hinzugesetzt werden, daß Regiomontanus selbst ein geschickter Mechaniker gewesen ist und dem Nürnberger Gewerbe wertvolle Impulse gegeben hat [126, S. 161 ff.].

Bei welchen Gelegenheiten Behaim die verbesserten nautischen Instrumente und Regiomontans *Messungsmethode zur Positions-*

feststellung, die mit geringfügigen Verbesserungen bis heute in Gebrauch ist, anderen Schiffsführern und *Piloten* (Navigationsoffiziere) erklären oder selbst praktisch zur Anwendung bringen konnte, läßt sich nicht sagen. Die Unterrichtung der seemännischen Elite könnte im Rahmen der Zusammenkünfte der *Junta dos Mathematicos* erfolgt sein. Die Weitergabe an die Seemannsschulen war der nächste Schritt.

Für die praktische Ausübung boten sich die Entdeckungsfahrten der Portugiesen an. An welcher bedeutenden Entdeckungsfahrt Behaim teilnahm, ist nicht geklärt. Unbestritten dürfte es jedenfalls sein, daß sich Martin Behaim auch als Seefahrer einen Namen gemacht hat. Kaiser Maximilian I. äußerte sich: *Von den Untertanen meines Reiches ist niemals jemand ein größerer Reisender gewesen und hat fernere Gegenden des Erdballs besucht als Martin Behaim* [49, S. 390]. Behaims Verdienste um Portugal fanden hohe Anerkennung. Am 18. Februar 1485 wurde er von König Johann II. zum Ritter geschlagen. Etwa um die gleiche Zeit lehnte der König von Portugal die Idee des Kolumbus ab, "den Osten im Westen zu suchen".

Bevor Kolumbus im Laufe des Jahres 1485 Portugal verließ, um sein Unternehmen in Spanien anzubieten, hatte er selbstverständlich in Lissabon alle Informationen gesammelt, die seinem Vorhaben dienlich sein konnten. Der Auftritt Martin Behaims, sein Wollen und sein Auftrag blieben ihm nicht verborgen. Er hatte hinzugelernt, mußte aber einige Zeit warten, bevor die spanischen Majestäten dem Vorhaben zustimmten. Dann war es endlich soweit. In den Morgenstunden des 3. August 1492 verließen die drei Kolumbus-Schiffe den Hafen von Palos mit Kurs auf ein unbekanntes Ziel. Kolumbus führte eine jener Ephemeriden von Regiomontanus mit, die zwar mehr für den Astronomen bestimmt waren, dem Seefahrer aber gute Dienste leisten konnten, wie kein anderes Tafelwerk bisher. Kolumbus hatte ausreichende astronomische und mathematische Kenntnisse, um die Ephemeriden gebrauchen zu können.

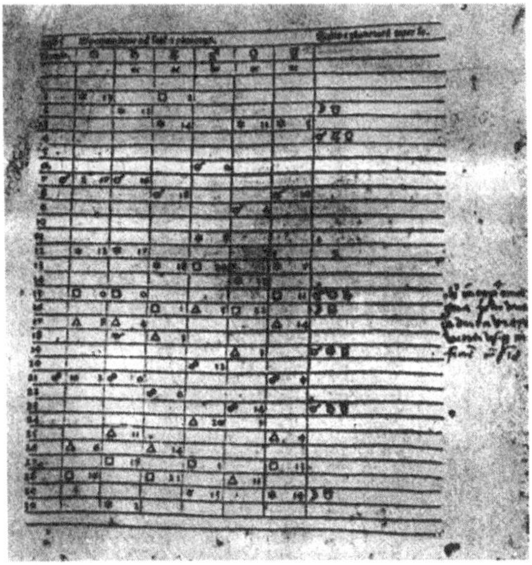

Abb. 34: Ein Blatt aus den Ephemeriden mit einem handschriftlichen Vermerk des Kolumbus

Die *Jahrbücher* oder *Ephemeriden* Regiomontans erschienen 1474 in Nürnberg in der eigenen Druckerei und gaben für jeden Tag der Jahre 1475 bis 1506 im voraus *den wahren Ort von Sonne und Mond und der Planeten Saturn, Jupiter, Mars, Venus, Merkur und des Mondknotens auf der linken Seite und auf der rechten Seite die Stellungen der Sonne zum Monde mit den Angaben der Zeiten der Voll- und Neumonde, ferner die Stellungen des Mondes zu den anderen Planeten und der fünf Planeten unter sich an.* Da es die ersten gedruckten Ephemeriden waren, konnten sie in genügender Zahl hergestellt und relativ billig verkauft werden. Die Artistische Fakultät der Universität Wien zahlte 1478 für die *Tafeln des Magisters Joh. de Regiomonte*, die *anzuketten seien*, zwei Ungarische Gulden, das Kloster Michelsberg zu Bamberg 1488 nur noch einen Gulden. Die Jahrbücher fanden so großen Absatz, daß zwischen 1481 und 1500 weitere Auflagen folgten, vorwiegend bei Erhard Ratdolt in Venedig, später in Augsburg [126, S. 140 ff.].

Während seiner ersten Atlantiküberquerung benutzte Kolumbus zur Breitenbestimmung den Quadranten und das Astrolabium.

Mit diesen Instrumenten wurde die Mittagshöhe der Sonne gemessen und, nachdem die Sonnendeklination mit Hilfe einer Tabelle berücksichtigt worden war, die Breite des Ortes errechnet. Beim Quadranten war eine solche Tabelle nicht nötig, da sich mit dem Schieber die Deklination, wenn auch ungenauer, feststellen ließ. Immerhin läßt sich sagen, daß Kolumbus die Ephemeriden zur Breitenbestimmung herangezogen hat. Auf den Einwand, in die Jahrbücher Regiomontans wären erst in den Ausgaben nach 1496 die Deklinationen aufgenommen worden [87, S. 109], ist auf die *Tabula fecunda* zu verweisen, wenn sie der Seefahrer dabei gehabt haben sollte. In jedem Fall konnte Kolumbus aus den mitgeführten Ephemeriden Regiomontans zwar nicht direkt die Sonnenstände ablesen. Die Tafeln enthielten aber die Angaben über die Sonnenlängen, so daß nach Ansicht des Astronomen Felix Schmeidler (München) ein in der Navigation ausgebildeter Schiffsführer daraus ohne Schwierigkeiten die Sonnenstände feststellen und damit die geographische Breite ermitteln konnte.

Die Längenermittlung war zur geographischen Ortsbestimmung ebenfalls wichtig, die Methode schon einige Zeit bekannt, wenn auch selten ausgeübt. Um die Länge eines entdeckten Landes astronomisch festlegen zu können, bedurfte es einer Mondfinsternis. Die Ephemeriden gaben die Zeit einer solchen Naturerscheinung genau an, so daß man sich rechtzeitig auf die Beobachtung einstellen und die Stellung der Planeten beachten konnte. Von Kolumbus sind zwei solcher Beobachtungen bekannt. Bei seiner ersten Entdeckungsfahrt war ihm die Längenbestimmung von San Salvador nicht möglich gewesen, weil es keine Mondfinsternis gab. Das veranlaßte das spanische Herrscherpaar, Kolumbus am 5. September 1493 aufzufordern, einen guten Astronomen mitzunehmen, um genaue Grade des entdeckten Landes zu erfahren. Auf der zweiten Reise gelang es ihm, am 14. September 1494 die geographische Länge der Insel Saona zu bestimmen. Die in den Ephemeriden vorausgesagte Mondfinsternis am 29. Februar 1504, die Kolumbus auf Jamaika erlebte, rettete ihn aus einer

mißlichen Lage [126, S. 143 ff.].
Kolumbus beobachtete die Himmelsvorgänge sehr genau, weil er, und seine Zeitgenossen dachten ebenso, davon ausging, daß zwischen den Planetenstellungen und dem Wetter ein astrologischer Zusammenhang bestehen würde. Vorhersagen von Unwettern hatten für die Schiffahrt einen unschätzbaren Wert. Kolumbus hat sich offenbar danach gerichtet. So war in den Ephemeriden am 17. Januar 1493 eine Opposition Jupiters zu Sonne und Mond angezeigt. Kolumbus befürchtete dadurch einen starken Sturm und wollte in dieser Zeit im Hafen bleiben. Die Konjunktion von Sonne und Merkur hielt er ebenfalls für bedenklich. Weihnachten 1502 lief er wegen der Opposition Saturns nicht aus, weil er *dem damit verbundenen Sturm zu trotzen nicht wagte*, wie er am 7. Juli 1503 den Katholischen Majestäten mitteilte [124, S. 375]. Berühmt wurde die Geschichte um die Mondfinsternis am 29. Februar 1504, von der die alten Quellen übereinstimmend berichteten. Kolumbus war auf Jamaika gestrandet, und die Eingeborenen wollten die Schiffbrüchigen aushungern. Aus den Ephemeriden Regiomontans, die gerettet worden waren, entnahm Kolumbus die Zeit der Mondfinsternis und verkündete den Häuptlingen, daß der mächtige Gott der Weißen sehr erzürnt sei und sie dadurch strafen wolle, daß er den Mond vom Himmel nehmen werde. Das trat dann auch ein und, nachdem die Häuptlinge die weitere Lebensmittelversorgung der Gestrandeten zugesagt hatten, "kam der Mond wieder". Es ist zwar anzunehmen, daß den naturverbundenen Insulanern eine Mondfinsternis bekannt war. Sie werden aber verblüfft darüber gewesen sein, daß das Ereignis prompt eintrat, als es vom weißen "Halbgott" angesagt wurde [85, S. 126 f.]. Kolumbus wird die Ephemeriden von 1481 nicht nur bei diesen wenigen Gelegenheiten benutzt haben. Leider sind seine Aufzeichnungen größtenteils verlorengegangen, aber es kann als sicher gelten, daß er Regiomontans astronomische Tafeln ständig in Gebrauch hatte, denn immerhin galten diese Ephemeriden und nicht andere Tafelwerke als die besten ihrer Art und wurden für

alle Seefahrer des Zeitalters der Entdeckungen unentbehrlich.
Was Kolumbus begonnen und vorgemacht hatte, wirkte sich wie eine Lawine aus. Das Entdeckungsfieber erfaßte Westeuropa. Zwischen 1493 und 1500 wurden in portugiesischen, spanischen und französischen Häfen zahlreiche Schiffe mehr oder weniger heimlich ausgerüstet. Alle wollten sie an dem materiellen Segen, der in der Neuen Welt zu erwarten war, teilhaben. Die nautischen Hilfsmittel, Geräte und Karten konnten frei beschafft werden, obwohl die Portugiesen die Verbreitung von Karten zu verhindern versuchten. Durch die Entwicklung der Drucktechnik war das ein vergebliches Bemühen. Niemand kümmerte sich mehr um eine staatliche Ermächtigung, so daß Kolumbus 1497 das spanische Königspaar um ein Verbot der illegalen Seefahrten bat, weil dadurch seine Rechte verletzt wurden [49, S. 413 f.]. Der unkontrollierte Aufbruch ins neue Land war jedoch nicht mehr aufzuhalten, hatte doch Kolumbus durch sein Beispiel die schwierige Kunst gelehrt, schreibt der spanische Geschichtsschreiber Gonzalo Fernández de Oviedo (1478 - 1557), *auf die grenzenlose Weite des Ozeanischen Meeres hinauszufahren und sich dabei nur nach den Gradmessungen der Sonnenhöhe und des Polarsterns zu richten. Er bewies auch in der Praxis, daß er dies könne. Bis zu seinem Auftreten wurde zwar in den Seemannsschulen diese Kunst vorgetragen, aber es gab wenige (genauer gesagt niemanden), der es wagte, im weiten Meer die Probe aufs Exempel zu machen* [72, S. 140].
Der Name des Astronomen Johannes Müller von Königsberg (Regiomontanus) ist mit dieser Entdeckungsgeschichte eng verknüpft. Der Portugiese Joao de Barros (1496 - 1570) hebt ausdrücklich den großen Einfluß hervor, *den der berühmte Regiomontanus durch seine Ephemeriden (tabella) und durch verschiedene Verbesserungen der astronomischen Meßgeräte auf jene Zeit ausübte.* Regiomontanus hat damit maßgebend dazu beigetragen, daß sich im 15. Jahrhundert die Küstenschiffahrt zur Hochseeschiffahrt entwickeln konnte[73, S. 157 ff.].

Ὦ ἄνδρες Ῥηγιομοντᾶνοι,
ἑκάστου ἔτους ἥκομεν εἰς τὴν πόλιν ὑμῶν ὡς τιμήσοντες Ῥηγιομοντᾶνον, τὸν τῶν ὑμετέρων προγόνων κλεινότατον. Οὗτος γὰρ ὁ ἀνὴρ οὐ μόνον τὴν μαθηματικὴν τέχνην πολὺ ηὔξησεν, ἀλλὰ καὶ τῆς ἀστρονομίας εὖ ἠπίστατο.
Καὶ Κολοῦμβος, ὁ ναύτης, τοῖς νόμοις τοῖς ὑπ' ἐκείνου εὑρεθεῖσιν ἐχρήσατο, ὅτε εἰς τὴν Ἀμερικὴν ἔπλευσεν.

Ἐγένετο ὁ Ῥηγιομοντᾶνος τῷ χιλιοστῷ τετρακοσιοστῷ τριακοστῷ ἕκτῳ ἔτει. Τὴν μὲν παιδικὴν ἡλικίαν διῆγεν ἐν τῇ ἐνθάδε πόλει, ἡβῶν δ' ἐν πολλοῖς ἔτεσι διὰ τῶν τῆς Εὐρώπης χωρῶν ἐπορεύθη ὡς διδάξων τοὺς νεανίους τὰ μαθήματα καὶ τοὺς ἀνθρώπους ὀνήσων.
Ἀπέθανε δ' ἐν τῇ Ῥώμῃ τῷ χιλιοστῷ τετρακοσιοστῷ ἕκτῳ ἔτει, τετταράκοντα ἔτη γεγονώς.

Abb. 35: Regiomontans Griechischkenntnisse waren so gut, daß er antike Schriften im Original lesen und übersetzen konnte. Vorstehend eine Lobrede auf Regiomontanus in altgriechischer Sprache (1972). Deutsche Übersetzung: *Ihr Königsberger! Jedes Jahr kommen wir in Eure Stadt, um Regiomontanus zu ehren, den Berühmtesten Eurer Vorfahren. Dieser Mann förderte nicht nur die mathematische Wissenschaft bedeutend, sondern verstand sich auch gut auf die Astronomie. Sogar Kolumbus, der Seefahrer, wendete die von jenem gefundenen Gesetze an, als er nach Amerika segelte. Geboren wurde Regiomontanus hier im Jahre 1436. Seine Kindheit verlebte er in der hiesigen Stadt. Als er erwachsen war, reiste er viele Jahre lang durch die Länder Europas, um jungen Leuten die mathematische Wissenschaft zu lehren und den Menschen Nutzen zu bringen. Er starb 1476 in Rom, vierzig Jahre alt.* - (Verbesserte Fassung des griech. und dtsch. Textes von H. Faber)

Abb. 36: Vor dem Regiomontanus-Denkmal auf dem Marktplatz in Königsberg wird durch die Verbindung *Casimiriana Coburg* jährlich in mitternächtlicher Stunde bei Fackelschein seit mehr als hundert Jahren des großen Sohnes dieser Stadt gedacht. Text der Lobrede siehe Abb. 35

Seine Wirkung auf die Nachwelt

Der Mathematiker

Regiomontanus hatte sich immer wieder mit neuen mathematischen Problemen befaßt, mit Fragen aus der Gleichungslehre, der Geometrie und der ebenen und sphärischen Trigonometrie, der unbestimmten Analytik und des Restproblems. Damit zeigte er, daß er über das volle mathematische Wissen seiner Zeit verfügte. Das wird ganz deutlich in den mathematischen Fragestellungen im Briefwechsel mit Bianchini und Speyer. Dieses Wissen versetzte ihn in die Lage, die mathematischen Wissenschaften weiter zu entwickeln [58, S. 141]. Die große mathematische Begabung Regiomontans läßt sich vor allem in seiner Dreieckslehre erkennen. Sein Werk *De triangulis* war das erste zusammenfassende Lehrbuch über das Dreieck. Es blieb einige Jahrhunderte im Gebrauch und wurde innerhalb dieser Zeitspanne didaktisch von keinem Nachfolgewerk übertroffen [56, S. 290, 292]. Regiomontans Verdienste um die Algebra wurden dagegen bisher etwas vernachlässigt. Es erscheint daher notwendig, darauf einzugehen. Zunächst ein Wort zu ihrer Verbreitung in Deutschland. Regiomontanus hatte Aquinus Dacus, der herumreisend Algebra unterrichtete, gekannt und war mit ihm zusammengekommen [112, S. 10]. Daß dabei algebraische Probleme diskutiert wurden, ist mehr als wahrscheinlich, so daß Aquinus Dacus einiges von Regiomontanus erfahren und mitnehmen konnte. Dieses Wissen hat Aquinus ganz sicher an seinen Schüler Andreas Alexander aus Regensburg (ca. 1475 - ca. 1504) weitergegeben. Zwischen Andreas Alexander und Adam Ries (1492 - 1559) bestanden Zusammenhänge, so daß Regiomontans algebraisches Wissen wahrscheinlich auch auf diese Weise in Umlauf kam [56, S. 292 f.].
In den bisher veröffentlichten Verzeichnissen der Schriften Regiomontans nicht aufgeführt ist die in den U. S. A. befindliche Handschrift MS Plimton 188, Columbia University, New York, f.

1r - 96 und f. 199 - 210, Autograph von Regiomontanus. Paul Lawrence Rose hat diese Teile als Handschrift Regiomontans identifiziert [93, S. 93]. Unabhängig von Rose untersuchte Menso Folkerts die Handschrift und deren Text. Er stellte fest, daß in der *MS Plimton 188* vier ursprünglich selbständige Teile zusammengefügt sind, wobei der erste Teil (f. 1 - 96) und der dritte Teil (f. 199 - 210) Eigentum Regiomontans waren.

Von Regiomontanus selbst verfaßt sind die Texte f. 73r - 82v und f. 82v - 96r. Im ersten Teil (f. 85) wird die Jahreszahl 1456 angegeben. Der Beginn der Arbeit kann danach datiert werden. Sonst fehlen Zeitangaben, so daß nicht festzustellen ist, wann sie fortgeführt und beendet wurde. Die Handschrift enthält in f. 82v - 96r eine höchst interessante Aufgabensammlung Regiomontans. Auch finden sich zahlreiche Bemerkungen, die er handschriftlich hinzugefügt hatte [21, S. 363 f.]. Regiomontanus zeigte sich hier als einer der frühesten Cossisten. Er kann schließlich und endlich auch als der größte Cossist des 15. Jahrhunderts bezeichnet werden. Das Wort *Coss* (lat. *res)* wird abgeleitet vom ital. *Cosa = Das Ding*, eine frühe Bezeichnung für die unbekannte Größe in der Algebra.

In der Renaissance entwickelten sich zwei große Strömungen, nämlich die *systematische* und die *problematische* Durchdringung der Mathematik [59, S. 299 ff.]. Regiomontanus war Systematiker großen Stils. Er verstand es, das überkommene Wissen zu gliedern und in eine seiner Zeit gemäße moderne Form zu übertragen. Seine algebraische Formelsprache, seine Trigonometrie, seine großen Tafelwerke und nicht zuletzt der konsequente Umgang mit den neuen Ziffernformen sagen das aus. Und *er stellte die Weichen, in deren Bahnen die künftige Entwicklung der Mathematik ablief* (Kaunzner). Als Problematiker beschäftigte er sich mit zahlentheoretischen Aufgaben, deren Bewältigung zwar damals noch nicht möglich war. Er wurde aber damit Vordenker für spätere Bemühungen, noch nicht gelöste mathematische Probleme anzugehen. *Es ist,* sagt Kaunzner, *selten, daß ein Mensch diese beiden Eigenschaften in sich vereint.* So steht der Humanist Johannes Müller als zentrale Figur im geistigen Leben des 15. Jahrhunderts [58, S. 143 f.].

Der Astrologe

Astronomie und Astrologie waren im 15. Jahrhundert noch ein einheitliches Wissens- und Forschungsgebiet. Die Humanisten sahen die Menschen in einer Einheit mit der sie umgebenden Natur. Naturerscheinungen und auch die Vorgänge am Himmel müßten, so dachten sie, immer in einer Beziehung zum Menschen stehen. Nach diesem Grundsatz wäre alles zu beurteilen [9, S. 350 ff.]. So entsprach es durchaus der humanistischen Auffassung, daß das Erforschen und die Beobachtung des Himmels sowie die Deutung der Vorgänge in Bezug auf das menschliche Leben seit dem Altertum in einem einzigen Lehrgebäude zusammengefaßt waren. Die Astronomen der Renaissance, die demnach auch mit Schicksalsdeutungen vertraut sein mußten, konnten sich dabei auf Claudius Ptolemaios berufen, der im Ägypten des 2. Jahrhunderts n. Chr. die astrologische Überlieferung der Babylonier gesammelt und aufgezeichnet hatte. Er gab den Sternen Namen, versuchte die *sonderbare Bewegung der Planeten* zu erklären und *entzifferte die Botschaft des Himmels.* In seinem astrologischen Werk *Tetrabiblos* behauptete Ptolemaios, daß Planeten und Sterne für die Verhaltensweise und für das Aussehen eines Menschen verantwortlich seien [96, S. 62 f.]. Was Ptolemaios lehrte, galt tausend Jahre und mehr, so auch seine astrologischen Grundsätze.

Auch Regiomontanus hatte diese Gesamtbildung erhalten, weil die Astrologie ein Teil des astronomischen Studiums war. Johannes Kepler bezeichnete einmal die Astrologie als *das närrische Töchterchen der Astronomie* und fuhr fort: *Aber, lieber Gott, wo wollt ihre Mutter, die hochvernünftige Astronomia bleiben, wann sie diese närrische Tochter nicht hätte. Der Mathematicorum salaria (Gehälter) seind so seltsam (selten) und gering, daß die Mutter gewißlich Hunger leiden müßte, wenn die Tochter nichts erwürbe* [62, S. 34]. Kepler sprach es deutlich aus. Die Astrologie wurde gebraucht und benutzt, um Geld zu verdienen, weil mit astronomischer Forschung allein der Lebensunterhalt nicht zu bestreiten war. Regiomontanus war in der glücklichen Situation, bereits seit seiner ersten Italienzeit finanziell unabhängig zu sein. Das machte ihn frei für die Sternforschung.

Der Loslöseprozeß begann allmählich. Schon in Wien äußerte Regiomontanus um 1456 Bedenken gegen die Schicksalsvorhersagen. Bis zu seiner Nürnberger Zeit 1471 - 75 hatte sich seine ablehnende Haltung gegenüber der Sterndeutung gefestigt. Dennoch wurde Regiomontanus zwei Jahrhunderte lang als *der* große Sterndeuter angepriesen. Das hatte geschäftliche Gründe, weil sich Horoskope mit dem Namen Regiomontans besser verkaufen ließen. Aber warum hatte er diesen Ruf? In der heutigen Zeit, in der Okkultismus, Wahrsagerei und Sterngläubigkeit zuzunehmen scheinen, lohnt es sich der Frage nachzugehen, inwieweit sich Astrologen auf Regiomontanus berufen können.

Manche Autoren bedauern, daß Regiomontans Verdienste um die Astrologie in der Literatur so wenig Berücksichtigung gefunden hätten. Damit ist Zinners Werk gemeint, dem vorgehalten wird, die astrologische Tätigkeit Regiomontans im wesentlichen ausgelassen zu haben: *Zinner ... wollte seinen Helden eben nur als exakten Naturwissenschaftler sehen, so wie wir Naturwissenschaft heute verstehen, das heißt, streng positivistisch. Er hat deshalb zum Beispiel die Quellen, die Regiomontanus als Astrologen ausweisen, eher bewußt vernachlässigt* [32, S. 121 ff., 266].

Es kann natürlich nicht übersehen werden, daß der Königsberger, den Anforderungen der Zeit folgend, eine Reihe von astrologischen Arbeiten gefertigt hatte. Das Eleonoren-Horoskop 1451/52 und die Maximilian-Nativität 1459 sind Beispiele dafür. Bei Peuerbach in Wien wird er beim Verfassen einiger Prognostica sicherlich mitgeholfen haben. Das Handwerk hat er verstanden. Es ist nur die Frage, ob die Astrologie im gesamten Schaffen Regiomontans einen besonderen Stellenwert gehabt hatte. Fraglich wird das schon bei seinen Ausführungen in der Vorlesung in Padua 1464. Die Astrologie wurde zwar hoch gelobt. Zu bedenken ist aber, daß dieses Thema von der Universität so gewünscht worden war. Vortragende sprechen oft über Themen, ohne daß sie sich mit dem Inhalt unbedingt vollständig identifizieren müßten.

Im Innern könnte sich Regiomontanus bereits damals schon bewußt gewesen sein, daß sich die Sterndeutung auf schwankendem Boden bewegte. In seiner Rede in Padua erwähnte er die Nilüberschwemmung im Zusammenhang mit der Feldmessung [126, S. 81]. Als excellenter Kenner der antiken (astrologischen) Literatur konnte ihm nicht entgangen sein, daß sich bei dieser Naturerscheinung ein astrologischer Widerspruch zeigte. Die Nilüberschwemmungen, die das Land wieder fruchtbar machten, traten ein, wenn der Stern *Sirius* am Himmel erschien. *Sirius* war also für die Ägypter ein Glücksbringer. Die Babylonier dagegen sahen in *Sirius* einen Unglücksstern, weil mit seinem Erscheinen Sandstürme auftraten (was alles natürlich jahreszeitlich bedingt war und nicht vom Stern ausgelöst wurde).

Solche Überlegungen Regiomontans sind nicht nachweisbar. Aber irgend woher mußte er die Erkenntnisse haben, die ihn zu einem *geistigen Vorbehalt gegen die Sterndeutung* veranlaßten. Regiomontans Verteidigung der Astrologen 1471 am Königshof in Ungarn erscheint daher mehr als eine Zweckrede, die nicht unbedingt als ein Plädoyer für die Astrologie zu werten ist. Schließlich griffen die Kritiker nicht nur die Astrologen, sondern alle Vertreter der Sternkunde an. Außerdem nutzte Regiomontanus geschickt die Gelegenheit, das Verlassen Ungarns zu begründen. Die wenigen, der Astrologie zuzuordnenden Äußerungen in Nürnberg lassen allenfalls den Schluß zu, daß Regiomontanus das Vorgenommene noch aufarbeiten wollte, und daß er nunmehr

Rücksicht nehmen mußte auf den Absatz der Druckwerke und auf den Geschäftserfolg. Verdienste um die Astrologie können bei all den Tätigkeiten und Äußerungen Regiomontans jedoch nicht erkannt werden. Sie waren Ausfluß der noch ungeteilten Wissenschaft der Himmelskunde, ohne Auswirkungen auf die Nachwelt. Anders verhält es sich mit seiner *Tabulae directionum*. Ob die *Tabula*, das *ungarische Spiel*, allerdings mehr als astrologisches oder als ein astronomisches Werk zu bewerten ist, wird nicht klar zu beantworten sein. Richtig ist, daß die *Tabula ein fundamentales Werk der klassischen Astrologie, wie diese heute noch geübt wird*, geworden ist [32, S. 122 ff.]. Die Frage ist lediglich, ob die Tafeln ausschließlich diesem Zweck dienen sollten. Vom Ansatz her selbstverständlich. Ihr Schwerpunkt scheint sich aber durch die Ergänzungen dann doch mehr auf den mathematisch-astronomischen Bereich verlagert zu haben [126, S. 107]. Unbestritten bleibt, daß den Astrologen mit der *Tabulae directionum* ein wertvolles Hilfsmittel in die Hand gegeben wurde, nicht zuletzt durch die Methode der Einstellung der Himmelshäuser, *rationales System* genannt.

Dem Verfasser kommt es mehr darauf an, die innere Einstellung Regiomontans zur Sterndeuterei zu erforschen. Es gibt keinen Zweifel daran, daß Regiomontanus bereits sehr frühzeitig der prädikatorischen Astronomie kritisch gegenüberstand. Er konnte sich nur nicht plötzlich von der Tradition lösen und suchte andere Ursachen, warum *das Ereignis, das aus den Sternen vorausgesagt wird, nicht eintritt*. Der freie Wille des Menschen oder eine höhere Wirkkraft (*alia virtus superior*) könnten, wie er meinte, Einfluß nehmen [32, S. 124]. Damit hatte Regiomontanus praktisch jede Vorhersage in Frage gestellt, weil der Deuter weder eine Intervention Gottes, noch die freie Willensentscheidung des Menschen voraus berechnen kann.

Während seines ersten Italienaufenthaltes überprüfte Regiomontanus zwar noch ein Horoskop, das sich der italienische Architekt und Kunsttheoretiker Leon Battista Alberti von dem römischen

Astrologen Conradini hatte berechnen lassen [36, S. 231]. Damit endete aber schon Regiomontans astrologische Tätigkeit im Sinne von Schicksalsdeutungen. Während des anschließenden Ungarnaufenthalts gab es keine Nativitäten für den sterngläubigen König Matthias durch Regiomontanus. Matthias hielt sich Martin Ilkusch als Hofastrologen, der das königliche Bedürfnis nach Voraussagen voll abdeckte. Regiomontanus erfüllte andere Aufgaben. Es wird spätestens in Ungarn erkennbar, daß Regiomontanus sich von der Deutung der Gestirne abgewendet hatte und zurückgekehrt war zu der Auffassung der Großen der Universität Wien, wie Heinrich von Langenstein und Johannes von Gmunden, die einer Sterndeutung ablehnend gegenüberstanden. In dem aus Nürnberg 1471 an Roder gerichteten Schreiben erwähnte Regiomontanus, daß er seine Zeit nicht mit astrologischen Vorhersagen vergeuden wolle. An der Sterndeutung interessierten ihn allenfalls nur die mathematischen Erwägungen; für die Deutung selbst hatte er, nach Zinner, nichts (mehr) übrig. Das zeigte sich bei seinen Druckwerken in Nürnberg, bei denen weitgehend auf astrologische Zutaten verzichtet wurde. Im Kalender erschien gerade noch eine kurze Gebrauchsanweisung zur Feststellung der Aderlaßzeiten, um die Abnehmer, die danach verlangten, zu bedienen. Man kommt schließlich zu dem Ergebnis, daß sich Regiomontanus nach seiner ungarischen Zeit der *speculatio motuum* der Himmelskörper, also der Astronomie zuwandte. Aus dem Sternkundigen war ein Sternforscher ersten Ranges geworden, der den Prozeß der Verselbständigung der Astronomie, das heißt die Trennung von der Astrologie, mit einleitete. Einen nachhaltigen Beitrag zur klassischen Astrologie hat Regiomontanus eigentlich nur durch seine *Tabulae directionum* geleistet. Die Sterndeuter waren es, die die *Tabula* zu einem begehrten Buch der Astrologie machten.

Regiomontans Popularität entstand aber nicht durch dieses Werk, das lediglich in Fachkreisen kursierte. Es war vielmehr der deutsche Kalendermacher, der in breiten Schichten des Volkes bekannt wurde. Sein Ruf als großer Astronom und Mathematiker kam hinzu. Magister Andreas Stiborius (Stöberl - † ca. 1515), Professor in Ingolstadt und Wien, und Dr. med. Georg Tannstetter (1482 - 1535), Astronom und Astrologe an der Universität Wien, nannten Regiomontanus eine *Zierde ganz Deutschlands* und einen *Fürsten der Mathematik, dem sie ihr Wissen verdankten.* Es gehörte zum gesellschaftlichen Status, einen Kalender des großen Meisters zu besitzen. Die nach seinem Tode folgenden astrologischen Prachtausgaben erhöhten den Umsatz und den Bekanntheitsgrad seines Namens. Es steht jedoch fest: Regiomontanus hatte seinen Ruf nicht als Astrologe begründet, sondern als Mathematiker und Astronom. Die Astrologie setzte lediglich seinen guten Namen ein, um astrologische Schriften zu verbreiten [126, S. 106 f., 125, 153 ff.].

Die Trennungslinien zwischen astronomischem Wirken und astrologischer Betätigung, zwischen Gedanken und Aussagen verwischen sich. Vieles spielte hinein: Die Wünsche der Dienstherren, die der Auftraggeber, die zugetragenen Probleme und die Geschäftsinteressen in Nürnberg. Es kann daher nicht sogleich erkannt werden, was Regiomontanus wirklich über die Sterndeutung dachte. Hierzu gibt es allerdings eine wichtige Aussage, die Regiomontans Gedanken eindeutig offenlegt. Um 1456 untersuchte der damals 20jährige in Wien die Behauptungen verschiedener Sterndeuter und schrieb seine daraus geschöpften Erkenntnisse in einem Schlußsatz nieder: *Das Geschick des Menschen ruht in seinem Gott; Gott nämlich* (und nicht der Sternstand) *erniedrigt oder befreit* [122, S. 126]. Dieses Glaubensbekenntnis blieb gültig während seines ganzen Lebens. Wir können getrost davon ausgehen, daß das auch seine Gedanken waren, wenn er nach den erlernten handwerklichen Regeln astrologisch tätig war. Regiomontanus hatte schon immer an der Wahrheit der Sterndeutung gezweifelt. Sein Feld war vielmehr die mathematisch-astronomische Wissenschaft. Es fällt schwer, ihn als einen Astrologen zu bezeichnen.

Der Astronom

Das Ziel jeder Wissenschaft ist das Erkennen der Wahrheit. Dieser lapidare Satz, der eh und je gilt, ist das wissenschaftliche Credo Regiomontans. Sein Ziel war die reine, zweckfreie Wissenschaft, das *rem in se considerare* (Grössing). Regiomontanus war immer auf der Suche nach der Wahrheit, wie aus einer Anzahl von Äußerungen zu erkennen ist. Er tadelte die *alltäglichen* Astronomen, die die Wahrheit mißachten würden, und er zeigte sich entschlossen, zum *Kern der Wahrheit* vorzudringen, um die Astronomie zu erneuern. Beim Studium der alten Schriften kam Regiomontanus schon sehr früh auf die fehlerhaften Berechnungen der *Alten*. Er kritisierte die Annahme, daß sich die Planeten auf gleichmittigen Kugelschalen bewegen würden. Aus der Beobachtung folge vielmehr, daß sie ähnlich zum Horizont und Zenit stehen wie die Sonne. *Da die Sonne der Quell der Wärme und des Lichtes sei, müsse sie mitten zwischen den Planeten sein wie der König im Königreich, wie das Herz im Lebewesen.*

In der *Epitome* gab Regiomontanus Hinweise auf offenkundige Mängel der herrschenden Lehre. Die Theorie von den Mars-, Venus- und Merkurbahnen hielt er für fehlerhaft, wie er überhaupt auch sonst immer wieder darauf stieß, daß sich eine tiefe Kluft zwischen dem Ergebnis der Beobachtungen und dem Schrifttum auftat. *Wenn wir auch bezweifeln, daß unsere Lebenszeit ausreichen wird, die gesamte Wissenschaft wieder herzustellen, so muß man es doch ... versuchen, der Wahrheit etwas nahe zu kommen*, schrieb Regiomontanus an Roder. Das Ziel stand damit fest. Vollkommene Zahlen, Untersuchungen über Maximum und Minimum, Sinus- und Cosinussatz, Sinus- und Tangententafeln, monographische Figuren, Gleichgewichte von Körpern und Oberflächen, Raumausfüllung der 5 regelmäßigen Körper, das war das mathematische Rüstzeug, mit dem Regiomontanus an die Erneuerung der Sternkunde herangehen wollte [122, S. 120 ff.]. Voraussetzung war die systematische Beobachtung der Himmelsvorgänge. Regiomontans Lehrer Peuerbach hatte seine Planetentheorie aufgestellt, ohne für deren Aufbau Beobachtungen zu benötigen [100, S. XXVI]. Das war bei den mittelalterlichen Gelehrten nicht ungewöhnlich. Beobachtungen der Planeten zur Prüfung ihrer Bewegungen waren höchst selten. Sich der Mühe zu unterziehen, die Vorgänge am Himmel mit den vielen Sternen, die man kennen mußte, zu beobachten und den Ort der Planeten mit Instrumenten zu messen, gehörte nicht zum Wesen der mittelalterlichen Astronomen. Sie hatten lediglich literarische Kenntnisse von den Himmelsvorgängen [127, S. 104]. Das müsse anders werden, forderte Regiomontanus, weil auf die Tafeln kein Verlaß sei. Astronomen könnte man nicht als hervorragend bezeichnen, *wenn sie die Astronomie in einer Hütte und nicht am Himmel betreiben.* Regiomontanus machte es vor, wie das zu geschehen habe. Seine Beobachtungsstation, die Druckerei und die Werkstatt in Nürnberg ähnelten eher einer modernen Sternwarte, in deren Räumen Beobachtungen aufgezeichnet, Bücher verfaßt und vervielfältigt und auch Instrumente gebaut wurden [127, S. 105]. Die *beobachtende* Astronomie, mit der Regiomontanus in Nürnberg begann, fand Nachahmer und brachte die Sternforschung wieder einen Schritt weiter.

Mit der Planetentheorie hatte sich Regiomontanus schon frühzeitig beschäftigt. Die *Theoricae novae planetarum* seines Lehrers Peuerbach schrieb er ab und fügte die Kopie seinem Wiener Rechenbuch bei. 1533 veröffentlichte Schöner eine Abhandlung über die Bewegung der Erde und gab im Titel Regiomontanus als Verfasser an. Verschiedene Historiker bestreiten die Autorenschaft des Königsberger Magisters. Zinner vermutete, daß es sich bei dieser Schrift vielleicht um die Niederschrift einer unter Peuerbachs Vorsitz in Wien gehaltenen Erörterung der Frage der Erddrehung handelte, die Schöner im Nachlaß Regiomontans vorgefunden hatte. Schmeidler hält die Abhandlung deswegen für sehr interessant, weil bereits eine Generation vor Copernicus die These von der Drehung der Erde behandelt, die aber abgelehnt

wurde [100, S. XIV]. Allein die ernsthafte Diskussion dieses Themas um 1460 ist höchst bemerkenswert.
Regiomontanus muß sich als aufmerksamer Beobachter der Planetenbewegungen etwas dabei gedacht haben, als er feststellte, daß *die Sonne mitten zwischen den Planeten stehen würde* und daß ein *merkwürdiges Verhalten von Venus und Merkur zur Sonne* zu beobachten sei [122, S. 131]. Leider sind nähere Aufzeichnungen verlorengegangen. Um so sorgfältiger müssen Einzelheiten gewertet werden, weil sie Mosaiksteinchen sind. Die Rede soll von einem Zettel sein, der ein Teilstück eines Briefes Regiomontans war und auf dem ein umwälzender Gedanke des Königsberger Astronomen aufgeschrieben stand. Der Text lautete (in deutscher Übersetzung): *Es ist nötig, die Bewegung der Sterne ein wenig wegen der Bewegung der Erde zu ändern.* Georg Hartmann (1489 - 1564), der den Zettel sorgfältig aufgehoben hatte, weil er - laut Zinner - der Meinung war, daß Regiomontanus die Erde als bewegt ansah, verständigte nach dem Bekanntwerden der copernicanischen Lehre den Altdorfer Professor Johann Praetorius, der 1613 in einer Vorlesung über das neue Weltbild Regiomontans Gedanken über die Erdbewegung erwähnte.
Was bedeutet aber *die Bewegung der Erde*? Zinner führte dazu aus: *Im Auszug* (aus dem Almagest) *wird die Bewegung der Erde sowohl als Drehung um eine Achse (motus circularis) als auch als gradlinige Bewegung (motus rectus) erörtert und verworfen. Die Drehung der Erde kommt hier offenbar nicht in Betracht, da sie weder die Präzession der Sterne, noch die Eigenbewegung der Planeten ändern würde. Anders steht es mit der Bewegung der Erde um die Sonne. Dadurch würde die Bewegung der Planeten allerdings eine scheinbare jährliche Änderung erfahren. Auch ließe sich die Präzession der Sterne erklären, wie Copernicus es tat. Demnach hätte Regiomontan die Erdbewegung um die Sonne gemeint* [122, S. 135]. Schmeidler äußerte sich dazu wie folgt: *Wenn ein Fragment eines von ihm in seinen letzten Lebensjahren geschriebenen Briefes den Satz enthält, "es ist nötig, die Bewegung*

der Sterne ein wenig wegen der Bewegung der Erde zu ändern", *dann folgt daraus nicht mehr, als daß er vielleicht eine erste Ahnung heliozentrischer Ideen gehabt hat* [100, S. XIV]. Andere Autoren bezweifeln, daß der Satz *Necesse est motum stellarum paululum variari propter motum terrae* eine Aussage über wissenschaftliche Überlegungen Regiomontans machen kann, weil der mit ihm zusammenhängende Text nicht bekannt ist. Irgendwelche heliozentrischen Denkansätze könnten aus dem Brieffragment nicht herausgelesen werden. Der *motus terrae* könnte sich allenfalls auf die Achsenrotation der Erde beziehen [36, S. 194, 233 ff.].

In einem Aufsatz von 1953 berichtete Ernst Zinner über den Fund einer bisher nicht bekannten Handschrift Regiomontans, die unter dem Namen *Joannes de Kunigsberg* in der Nationalbibliothek in Florenz aufbewahrt wird. In dem Band befand sich eine auf das Jahr 1460 zurückgehende Arbeit über den Versuch Regiomontans, die Bewegung von Sonne und Mond durch konzentrische Bahnen zu erklären. Zinner: *Dabei wurden die exzentrischen Bahnen, die Ptolemäus bevorzugte, weggelassen und nur noch mit Bahnen mit Epizykeln oder Beikreisen, auf denen sich der Himmelskörper bewegt, zur Erklärung benützt. Für die Sonne brauchte er 2 und für den Mond 4 Kreisbewegungen. Ist es nicht merkwürdig, daß auch Coppernicus auf exzentrische Bahnen verzichtete und sich mit epizyklischen und doppelepizyklischen Bewegungen begnügte? Gewiß läßt sich Regiomontans Entwurf, der von Zahlen absieht, mit der auf Beobachtungen gegründeten Coppernicanischen Theorie der Sonnen- und Mondbewegung nicht vergleichen; aber es ist bemerkenswert, daß der 24jährige Regiomontan sich schon in der Ablehnung exzentrischer Bahnen als Vorläufer des Coppernicus zeigte* [127, S. 108].

Die Lösung offener Fragen beschäftigte Regiomontanus weiterhin. Nach 1460 kam das in dem Brief an Bianchini 1464 zum Ausdruck: *Die Widersprüche in der Planetenbewegung durch die Konzentriker zu bereinigen, wird schön sein. Schon haben wir der*

Sonne und dem Mond die Bahnen zugewiesen, über die restlichen sind aber schon gewisse Anfänge gesetzt ... So werdet Ihr in meinem späteren Brief ... meine kühlen Berechnungen erfahren. Aus alldem kann der Schluß gezogen werden, daß sich Regiomontanus in seinen letzten Lebensjahren mit heliozentrischen Theorien befaßt haben könnte [36, S. 234]. Er war jedenfalls, nachdem er überall auf Mängel der herrschenden Lehre gestoßen war, auf dem Weg zu einer Erneuerung der gesamten Sternkunde und kam dabei dem heliozentrischen Weltbild sehr nahe.

Wir wissen nicht, was er an wichtigen Unterlagen 1475 nach Rom mitgenommen hatte. Dort ist nichts weiter aufzufinden. Im Vatikanischen Archiv liegt aber noch eine Unmenge von nichtregistriertem Archivmaterial. Vielleicht kommen eines Tages Arbeiten Regiomontans zutage, die Aufschluß geben können über seinen Wissensstand von 1475/76, von dem wir nur annehmen dürfen, daß sein geniehaftes Denken über das Wissen seiner Zeit weit hinausragte. Aber schon aus dem bisher Vorliegenden läßt sich erkennen, daß, wenn sein Tod nicht gekommen wäre, die Wende vom geozentrischen zum heliozentrischen Weltbild vielleicht schon früher vollzogen worden wäre [4, S. 51]. Es erscheint weniger bedeutend, ob man Regiomontanus als einen Vorläufer oder als einen geistigen Wegbereiter des Copernicus bezeichnet. Wichtiger scheint die Feststellung zu sein, daß der große Domherr und Astronom aus Ostpreußen manche Gedankengänge Regiomontans aufgenommen hatte. Dazu gab es zahlreiche Gelegenheiten. Copernicus studierte zunächst in Krakau (1491-1494). Die astronomischen Wissenschaften wurden dort ganz im Geiste Peuerbachs und Regiomontans gelehrt. In kaum einer anderen Bibliothek waren die Werke des Johannes Müller so zahlreich vorhanden wie in Krakau. Daß Copernicus die Arbeiten des Magisters aus Königsberg studiert und verwendet hat, ist belegt. In Bolongna (1496 - 1500) wurde Copernicus Hörer des Professors Dominico Maria Novara, der ein Schüler Regiomontans gewesen ist, wie er angab. Durch Novara kann Copernicus von Regiomon-

tans Gedanken zur Neugestaltung der Planetenlehre erfahren haben. Auch die von Regiomontanus beobachtete Bewegung des Merkurs um die Sonne spielten bei der rechnerischen Ausarbeitung der copernicanischen Lehre eine gewisse Rolle.
Im übrigen gab es unter den Gelehrten eine erstaunlich gute Nachrichtenvermittlung, wenn irgendwo etwas Neues bekannt wurde. Regiomontanus hielt in Nürnberg, wie wir wissen, vieles geheim. Dennoch kam das, was er fand, früher oder später zur Kenntnis der Interessenten. So erhielt Copernicus auch die Beobachtungsergebnisse über den Merkur, die er in seinem Hauptwerk verwertete, obwohl sie zu der Zeit noch nicht publiziert waren [100, S. XXVII]. Copernicus war an sich sehr zurückhaltend in der Nennung von Autoren, deren Werke er kannte und nutzte. In seinem Hauptwerk hat der Domherr Regiomontanus jedoch mehrmals erwähnt. Das ist nicht verwunderlich, handelte es sich bei Regiomontanus doch immerhin um einen Gelehrten, dessen Ruhm weit verbreitet war. Johann Gottfried Herder schrieb: *Regiomontanus war damals Fackel der Welt* [50, S. 72].

Der Mensch

Das Bild eines Menschen zu zeichnen, der nur wenige persönliche Spuren hinterlassen hat, ist nicht einfach. Aus der Menge der wissenschaftlichen Daten und Arbeiten können lediglich einige, die menschliche Seite berührende Geschehnisse herausgezogen werden, um durch deren Zusammenfügen wenigstens zu versuchen, den Menschen Regiomontanus darzustellen.
Das beginnt mit dem Knaben Johannes Müller, der sehr früh zum Studium nach Leipzig geschickt wurde. Was mag in dem Elfjährigen vorgegangen sein, als er das Elternhaus in Königsberg und den überschaubaren Bereich seiner Heimat verließ, um in der großen Stadt Leipzig zu leben und zu lernen. Bei den mittelalter-

lichen Verhältnissen und Verkehrsverbindungen war das immerhin ein Abschiednehmen für lange Zeit. Die Antriebskraft, diesen Schritt zu tun, kann nur in dem ungeheuren Wissensdurst gesehen werden, der den kleinen Johannes erfaßt hatte. Das erklärt auch den nächsten Schritt, den er tat, um in Wien eine bessere Astronomenschule zu besuchen. Eine echte Zuneigung zeigte er in Wien seinem Lehrer Peuerbach gegenüber. Es war zum einen die Hochachtung vor dem außergewöhnlichen Wissen des Wiener Astronomen, zum anderen die Förderung, die der junge Königsberger durch seinen Lehrer erfahren durfte. Regiomontans Dankbarkeit blieb ein Leben lang. Immer wieder nannte er seinen Lehrer und nicht von ungefähr veröffentlichte er in Nürnberg die Planetenlehre Peuerbachs an erster Stelle.

Es kann angenommen werden, daß das *freie Leben*, das Peuerbach führte, den Jüngling Johannes nicht unberührt ließ, wenn er auch Toleranz gezeigt haben mag. Aber Regiomontanus kam aus einer christlichen Umgebung und wird gespürt haben, daß sich mit der *neuen Zeit* die bestehenden Moralbegriffe aufzulösen begannen. Die christlichen Sitten galten nicht mehr. *Nunmehr hatte jeder sich einen eigenen Lebenspfad zu bahnen und dabei zu sehen, daß er nicht strauchelte* (Zinner). Der junge Regiomontanus, eingebunden in christliches Denken, konnte dem nicht folgen. Durch die *Griechische Jünglingsliebe* Peuerbachs verwirrt, blieb ihm nur der Rückzug in die Gefilde der Wissenschaft. Die Erlebnisse mit der *antiken Freiheit* waren jedenfalls so tiefgreifend, daß er ein fast mönchisches Dasein führte. Dazu kamen später die engen klerikalen Verbindungen. Regiomontanus hat daher nicht geheiratet. Das war nicht so ungewöhnlich, wie es zunächst erscheinen mag. Die im 12. Jahrhundert vorherrschende Meinung wirkte noch nach, daß auch die Größen der weltlichen Wissenschaften im Zölibat leben sollten, *um die Fülle ihres Geistes voll ausschöpfen zu können.* Da keine familiären Bindungen vorhanden waren, konnte er sein Leben gestalten, wie er wollte. So entstand das Universalgenie, dessen Vielseitigkeit bis zum heutigen Tage zu bewundern ist.

Seine christliche Gläubigkeit wirkte sich letztlich auch auf seine Einstellung zur Sterndeutung aus. Von der Kirche zunächst abgelehnt, dann aber geduldet, erlebte die Astrologie in der Renaissance eine Hochblüte. Jeder konnte sich nunmehr der Sterndeutung zuwenden. Die meisten taten es. Nur wenige überwanden sie wie Regiomontanus und Kepler und wiesen der Wissenschaft neue Wege [126, S. 20].

Die philosophische Einstellung Regiomontans läßt sich dagegen nicht so leicht bestimmen. Im Brief an Roder zitierte er Aristoteles. Wiederum muß gesehen werden, daß er einige Jahre bei Kardinal Bessarion lebte, der ein ausgesprochener Platoniker gewesen ist. Der Name des Griechen Platon findet sich jedoch in keiner Äußerung Regiomontans. Ob Platon oder Aristoteles, der Königsberger wird bei beiden philosophischen Richtungen keinen Widerspruch zur christlichen Religion gesehen haben. Augustinus (354 - 430) und andere Kirchväter hatten sich bis zum Äußersten angestrengt, griechisches und jüdisches Denken zu vereinen. Sie sahen nach der "Bereinigung" keinen scharfen Gegensatz mehr zwischen Christentum und platonischer Philosophie. Um Aristoteles kümmerte sich Thomas von Aquin (1225 - 1274). Er war es, der die Philosophie des Aristoteles durch eine Synthese zwischen Glaube und Wissen in Einklang mit der christlichen Offenbarung brachte. Die beiden großen griechischen Philosophen wurden so gedeutet und verstanden, daß sie nicht mehr als Bedrohung der christlichen Lehre betrachtet werden konnten. Die klassische Philosophie bereitete dem Magister Molitoris somit keine Probleme.

Regiomontanus war zu allen Zeiten ein ungeduldig drängender Gelehrter und dadurch vielleicht unbequem. Durch die vielen Gedanken, die er sich wegen der beobachteten Unstimmigkeiten am Himmel mache, werde er oftmals gequält. Er beklage die Langsamkeit und Gleichgültigkeit der Zeit, schrieb er, und sehe seinen

Auftrag darin, *die himmlischen Bahnen von ihrem Rost zu befreien* [126, S. 79 f.]. Regiomontanus konnte, wenn es um falsche Aussagen ging, streitsüchtig seinen fachlichen Standpunkt vertreten. Selbstbewußt war er auch: *Durch diese Tafeln werde ich, wir mir scheint, außerordentlich berühmt werden* ... Auf der anderen Seite war er aber auch bereit, von seinem Führungsanspruch zurückzutreten, wenn es der Erforschung der *Wahrheit* dienlich sein würde. Im Brief an Speyer war er zum Scherzen aufgelegt, zog sich dann aber sogleich wieder auf das Thema zurück: *Mir scheint, ich habe genug Scherze eingestreut* ... Regiomontanus konnte also auch heiter sein.

Mit besonderer Liebe hing er an seiner Heimatstadt Königsberg. Er nannte sich *Johan von küngsperg, Johannes de Monte regio* oder *Regio monte, Johannes molitoris de künigsperg*, in Italien auch *Johannes Germanus* und *Johannes Francus*. Melanchthon brachte 1531 den Namen *Regiomontanus* auf, der sich mit der Zeit einbürgerte [126, S. 5 f.]. Seine Gedanken gingen hin und wieder nach Hause. Die Briefbekanntschaft mit Jacob Speyer erinnerte ihn an das *gemeinsame Vaterland* und an die *väterlichen Wohnungen*, die (von Rom aus gesehen) nicht allzuweit voneinander entfernt sein würden. Es gibt kein Gemälde von Regiomontanus. Der Holzschnittdruck in der Schedelschen Weltchronik 1493 ist die älteste Darstellung des Gelehrten. Michael Wolgemut kannte Regiomontanus und hat den etwas menschenscheuen Sternforscher für die Chronik skizziert. Man kann nach dem Chronikbild nur in etwa erahnen, wie Regiomontanus ausgesehen hat. Die späteren Darstellungen hielten sich wahrscheinlich an diese Vorlage.

Wir hören nichts von einem Freundeskreis um Regiomontanus. Sein zurückhaltendes Wesen und sein zurückgezogenes Leben werden Freundschaften nicht gerade gefördert haben. Bis auf eine Freundschaft mit Georg Peuerbach in Wien und mit dem ihm treu ergebenen Bernhard Walther in Nürnberg gab es wohl keine tieferen menschlichen Beziehungen. Der Wissenschaftler ging ganz in seiner Arbeit auf. Das war sein Leben. Und so starb er auch, nicht im Kreis von Freunden, wie sein Lehrer und Freund Peuerbach, sondern einsam, wie er gelebt hat, im fernen Rom. Das Vorhaben in Nürnberg hat er nicht zu Ende führen können. Das Ziel einer neuen Sternkunde konnte nicht erreicht werden. Dennoch war er kein "Unvollendeter". Wer wird im Erforschen des Universums je vollendet sein? Das, was Regiomontanus alles bis zu seinem Tode erarbeitete und in die Naturwissenschaft einbrachte, war ungeheuer viel, mehr als ein selbst hochbegabter Gelehrter dieser Zeit hätte schaffen können. Regiomontanus hat die Naturwissenschaften ein Stück vorwärts bewegt. Seine Wirkung auf die Nachwelt ist dementsprechend hoch zu bewerten.

Die Erinnerung an den großen Astronomen wurde über Jahrhunderte wachgehalten. 1871 errichtete die Geburtsstadt Königsberg in Franken auf dem Marktplatz ein Denkmal. Für das Geburtshaus wurde durch den bekannten Bildhauer Prof. H. Epler (Dresden) eine Gedenktafel angefertigt. In der 1842 eröffneten *Walhalla* bei Donaustauf erhielt die Büste des Johannes Müller einen Ehrenplatz. Das mathematische Institut der Universität Würzburg ehrte ihn durch ein Glasbildnis. Eine Gedenktafel an der Sternwarte Nürnberg erinnert an den Gründer der ersten Sternwarte. Im *Museum of Science and Industry* in Chicago wird Regiomontanus an der *Wall of History* (Wand der Kulturgeschichte) als der führende Geist des 15. Jahrhunderts dargestellt. Eine besondere Hervorhebung des großen Gelehrten erfolgte durch die Benennung eines Mondkraters nach seinem Namen. So erhielt er, neben Ptolemaios, Peuerbach und neuerdings auch Ernst Zinner, eine Gedenkstätte am Himmel. Hinzu kam, neben der Gedenktafel im Campo Santo Teutonico in Rom, 1978 eine Gedenkstätte in der alten Burg von Budapest. Seit 1986 ist an der Mauer der Burg in Esztergom, dem früheren Gran, eine Gedenktafel zu sehen. Auch scheint Albrecht Dürer (1471 - 1528), der sich zeitlebens mit Mathematik und Perspektiven beschäftigte, an Regiomontanus gedacht zu haben, als er den Kupferstich *Melencolia § 1* anfertigte. Die *Melancholie* ist in der Tat eine Zusammenfassung von philosophisch-mathematisch-naturwissenschaftlichen Betrachtungen. Dürer hat die verschlüsselten Hinweise nicht erklärt. Die Schwermut, die das Bild ausstrahlt, das magische Quadrat und die astronomischen Symbole könnten auf Regiomontans frühzeitiges und tragisches Ende hinweisen [79, S. 42 f.]. Noch 1850 war im Geburtshaus am Salzmarkt im fränkischen Königsberg ein Wandspruch zu lesen, der Leitgedanke des dort geborenen Johannes Müller, genannt Regiomontanus, hätte sein können: *Cui vivas et cur vivas, hoc noscere disce. Si facis hoc, coelo vivere dignus eris.*

Für wen du lebst und warum du lebst, das lerne zu erkennen. Wenn du das tust, wirst du würdig sein, im Himmel zu leben.

Abb. 37: Büste Regiomontans in der Walhalla

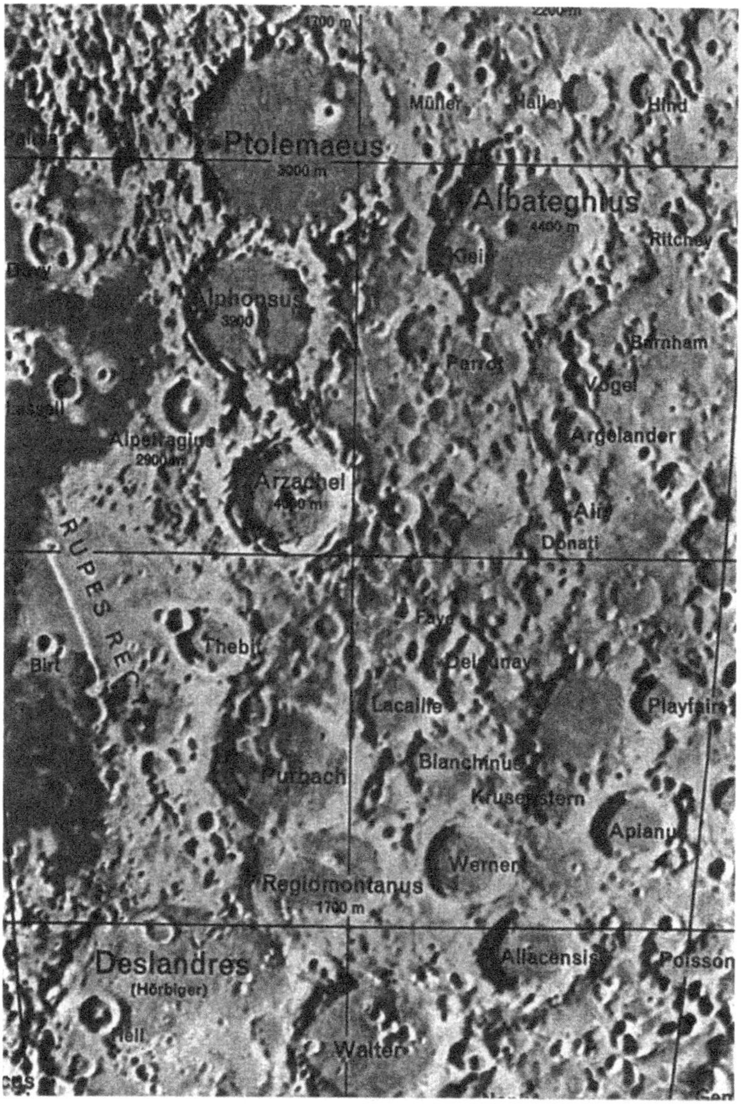

Abb. 38: Mondkrater Regiomontanus, lunare Wallebene (129 x 105 km). Position 28° S, 1° W. Tiefe 1700 m

Literatur

[1] Ackerl, Isabella: *Die Chronik Wiens*. Dortmund 1988.

[2] Afflerbach, Holger: *Der Fliegende Portugiese*. In: "Die Zeit". Hamburg, vom 7. Febr. 1992, Nr. 7.

[3] Bauch, Gustav: *Die Anfänge des Humanismus in Ingolstadt*. München-Leipzig 1901.

[4] Becker, Friedrich: *Geschichte der Astronomie*, 4. Aufl. Mannheim - Wien - Zürich 1980.

[5] Bendefy, László: *Regiomontanus und Ungarn*. In: Regiomontanus-Studien. Wien 1980.

[6] Bitterli, Urs: *Entdecken, Erobern, Verstehen*. In: Anzeiger des Germanischen Nationalmuseums und Berichte aus dem Forschungsinstitut für Realienkunde Nürnberg. Nürnberg 1991.

[7] Brandt, Armin M.: *Martin Behaim - Seefahrer, Entdecker, Kosmograph*. Regensburg 1989.

[8] Brown, H. F.: *The Venetien printing press*. London 1891.

[9] Burckhardt, Jacob: *Die Kultur der Renaissance in Italien*. Darmstadt 1962.

[10] Colerus, Egmont: *Von Pythagoras bis Hilbert*. Berlin-Wien-Leipzig 1937.

[11] Csáky, Moritz: *Humanistische Gelehrte am Hofe des Königs Matthias Corvinus*. In: Regiomontanus-Studien. Wien 1980.

[12] Curtze, Maximilian: *Der Briefwechsel Regiomontan's mit Giovanni Bianchini, Jakob von Speier und Christian Roder - Urkunden zur Geschichte der Mathematik im Mittelalter und der Renaissance*, 1. Teil. Leipzig 1902.

[13] Doppelmayr, Johann Gabriel: *Historische Nachricht von den Nürnbergischen Mathematicis und Künstlern, Erster Theil des ersten Buches*. Nürnberg 1730.

[14] Durant, Will: *Die Renaissance*. Bern-München 1961.

[15] Elias, Norbert: *Über die Entwicklung vom Karolingerhof zur Stadt mit Markt*. In: Über den Prozeß der Zivilisation. Frankfurt/M. 1976.

[16] Elsen, Alois: *Die Entwicklung Königsbergs bis zur Zeit des Regiomontanus*. In: Das Bayerland 14. München 1936.

[17] Engel, Wilhelm (Bearb.): *Vatikanische Quellen zur Geschichte des Bistums Würzburg im XIV. und XV. Jahrhundert*. Würzburg 1948.

[18] Ferrari d'Occhieppo, Konradin: *Die Osterberechnung als Kalenderproblem von der Antike bis Regiomontanus*. In: Regiomontanus-Studien. Wien 1980.

[19] Ferrari d'Occhieppo, Konradin: *The Star of the Magi and Babylonian Astronomy*. In: Nativity and Chronological Studies - Presented to Jack Finegan, 1989. Vgl. *Der Stern von Bethlehem*. 2. Aufl. Gießen 1994.

[20] Folkerts, Menso: *Die mathematischen Studien Regiomontans in seiner Wiener Zeit*. In: Regiomontanus-Studien. Wien 1980.

[21] Folkerts, Menso: *New Results on the Mathematical Activity of Regiomontanus.* In: Ernst Zinner, Regiomontanus - His Life and Work. Translatend by Ezra Brown, Departement of Mathematics Virginia Tech. Virginia, U.S.A. Amsterdam-NewYork-Oxford-Tokyo 1990.

[22] Frenz, Thomas: *Die Kanzlei der Päpste der Hochrenaissance 1471 - 1527.* Tübingen 1986.

[23] Gall, Franz: *Die Wiener Universität im Gedicht.* Archigymnasium. Wien 1968.

[24] Gall, Franz: *Die Wiener Universität zur Zeit des Regiomontanus.* In: Regiomontanus-Studien. Wien 1980.

[25] Gassendi, Petrus: *Vita Peurbachii et Regiomontani, in Opera 5.* Lyon 1658.

[26] Gatz, Erwin: *Anton de Waal (1837 - 1917) und der Campo Santo Teutonico.* Rom-Freiburg-Wien 1980.

[27] Gerl, Armin: *The Most Recent Resuluts of Research on Regiomontanus.* In: Ernst Zinner, Regiomontanus - His Life and Work. Translated by Ezra Brown, Department of Mathematics Virginia Tech. Virginia, U.S.A. Amsterdam-NewYork-Oxford-Tokyo 1990.

[28] Goldner, Johannes: *Die Magier aus dem Osten und ihr Stern.* In: Unser Bayern - Beilage der Bayer. Staatszeitung Jahrg. 36, Nr. 12. München 1987.

[29] Götz, Ottomar: *Regiomontanus - Astronom und Mathematiker aus Königsberg in Bayern.* In: Sterne und Weltraum, Heft 8 - 9, 33. Jahrg. München 1994.

[30] Grössing, Helmuth: *Astronomus poeta - G. v. Peuerbach als Dichter.* In: Jahrbuch des Vereins für Geschichte der Stadt Wien, Band 34. Wien 1978.

[31] Grössing, Helmuth: *Die Horoskope Eleonores von Portugal und Kaiser Maximilians I.* In: Veröffentlichungen der Kommission für Geschichte der Mathematik, Naturwissenschaften und Medizin, Heft 31, Österreichische Akademie der Wissenschaften. Wien 1981.

[32] Grössing, Helmuth: *Humanistische Naturwissenschaft - Zur Geschichte der Wiener mathematischen Schulen des 15. und 16. Jahrhunderts. Saecvla Spiritalia*; Band 8, Hrsg.: Dieter Wuttke. Baden-Baden 1983.

[33] Grössing, Helmuth: *Jakobstab.* In: Lexikon zur Geschichte der Kartographie, hrsg. v. Ingrid Kretschmer - Johannes Dörflinger - Franz Wawrik, Band C/1. Wien 1986.

[34] Grössing, Helmuth: *Johannes von Gmunden.* In: Sonderdruck der Österreichischen Staatsdruckerei zum 600. Geburtstag des Johannes Gmunden, Nr. 3471 4 f/f, 1984.

[35] Grössing, Helmuth: *Österreichische und süddeutsche Humanisten als Geographen und Kartographen.* In: Anz. Germ. Nationalmuseum. Nürnberg 1991.

[36] Grössing, Helmuth: *Regiomontanus und Italien.* In: Regiomontanus-Studien. Wien 1980.

[37] Grün, Robert (Hrsg.): *Christoph Kolumbus - Das Bordbuch*. Stuttgart 1983.

[38] Gurst - Hoyer - Ullmann - Zimmermann (Hrsg.): *Lexikon der Renaissance*. Leipzig 1989.

[39] Haage, Bernhard D.: *Astrolabium planum - deutsch*, Sudhoffs Archiv, Band 65, Heft 2. Wiesbaden 1981.

[40] Haebler, Konrad: *Die deutschen Buchdrucker des XV. Jahrhunderts im Ausland*. München 1924.

[41] Hamann, Günther: *Der Eintritt der südlichen Hemisphäre in die Europäische Geschichte*. Wien 1968.

[42] Hamann, Günther: *Johannes Regiomontanus 1436 - 1476*. In: Die Welt begreifen und erfahren, Aufsätze zur Wissenschafts- und Entdeckungsgeschichte. Wien - Köln - Weimar 1993.

[43] Hamann, Günther: *Johannes Regiomontanus 1436 - 1476*. In: Regiomontanus-Studien. Wien 1980.

[44] Hamann, Günther: *Regiomontanus in Wien*. In: Regiomontanus-Studien. Wien 1980.

[45] Hanssler, Bernhard: *Der Campo Santo Teutonico in Rom*. München 1974.

[46] Harenberg, Bodo (Hrsg.): *Chronik der Deutschen*. Dortmund 1983.

[47] Hartmann, Joh. Andr.: *Historische Nachrichten von der Stadt Königsberg in Fr.* (Handschrift um 1686 - Germ. Nationalmuseum Nürnberg Nr. 34161 = Pr. 1071).

[48] Hellmann, G.: *Die Entwicklung der Meteorologischen Beobachtungen in Deutschland von den ersten Anfängen bis zur Einrichtung staatl. Beobachtungsnetze*. In: Abhandlungen der Preuss. Akademie der Wissenschaften, Jahrg. 1926, physik.-mathem. Klasse, Heft Nr. 1. Berlin 1926.

[49] Hennig, Richard: *Terrae Incognitae*, Band IV, 2. Aufl. Leiden 1956.

[50] Herder, Johann Gottfried: *Nikolaus Kopernikus*. In: Zwischen Oder und Haff, hrsg. von Wochenschau-Verlag. Schwalbach 1968.

[51] Hueber, Friedmund: *Zur Entwicklung der Baugestalt des Alten Universitätsviertels in Wien*. Wien 1985.

[52] Imhof, Michael: *Bauen und Wohnen in einer fränkischen Kleinstadt vom 16. bis 19. Jahrhundert am Beispiel von Königsberg in Bayern*, Bamberger Beiträge zur Volkskunde, Band III, hrsg. von Klaus Guth. Bamberg 1993.

[53] Jakob, Otto: *Die Männer der ersten Stunde des Gymnasiums* - Festvortrag zum 500. Geburts- und 430. Todestag des ersten Professors für Mathematik, Geographie und Astronomie am neuen Gymnasium in Nürnberg Johannes Schöner aus Karlstadt/Main am 16.01.1977 (Manuskript).

[54] Kaiser, Hans K.: *Johannes von Gmunden und seine mathematischen Leistungen.* In: Der Weg der Naturwissenschaft von Johannes von Gmunden zu Johannes Kepler; Hrsg.: Günther Hamann und Helmuth Grössing, Österreichische Akademie der Wissenschaften, Phil.-Hist. Klasse, Sitzungsberichte, 497. Band. Wien 1988.

[55] Kaiser, Hans u. Nöbauer, Wilfried: *Geschichte der Mathematik.* Wien - München 1984.

[56] Kaunzner, Wolfgang: *Introduction to the Supplements.* In: Ernst Zinner, Regiomontanus - His Life and Work. Translatend by Ezra Brown, Departement of Mathematics Virginia Tech. Virginia, U.S.A. Amsterdam-NewYork-Oxford-Tokyo 1990.

[57] Kaunzner, Wolfgang: *On Regiomontanus's Arithmetic and Algebra in De triangulis omnimodis libri quinque.* In: Ernst Zinner, Regiomontanus - His Life and Work. Translated by Ezra Brown, Department of Mathematics Virginia Tech. Virginia, U.S.A. Amsterdam-NewYork-Oxford-Tokyo 1990.

[58] Kaunzner, Wolfgang: *Regiomontanus als Mathematiker.* In: Regiomontanus-Studien. Wien 1980.

[59] Kaunzner, Wolfgang: *Über das Zusammenwirken von Systematik und Problematik in der frühen deutschen Algebra.* In: Sudhoffs Archiv 54/3. Wiesbaden 1970.

[60] Kellenbenz, Hermann: *Martin Behaim und die portugiesischen Forschungen.* In: Anz. Germ. Nationalmuseum. Nürnberg 1991.

[61] Kellenbenz, Hermann: *Martin Behaim.* In: Fränkische Lebensbilder, Hrsg.: Gesellschaft für fränk. Geschichte, Bd. 3. Würzburg 1969.

[62] Kepler, Johannes: *Warnung an die Gegner der Astrologie - Tertius Interveniens*; hrsg. von Fritz Krafft. München 1971.

[63] Kessel, W. (Bearb.): *Walhalla und Markt Donaustauf - Geschichte und Beschreibung*, Regensburg.

[64] Keyser, Erich: *Bayer. Städtebuch.* Stuttgart 1971.

[65] Krauß, Johann Werner (III.): *Beyträge zur Erläuterung der Hochfürstlichen Sachsen-Hildburghäusischen Kirchen-, Schul- und Landes-Historie.* Hildburghausen 1754.

[66] Kreß, Frhr. Georg von: *Martin Behaim der Seefahrer.* In: Das Bayerland, Jahrg. 18, Nr. 42 - 45. München 1907.

[67] Kühles, J.:, *Das Stifthauger Dekanatsbuch.* In: Archiv des Historischen Vereins von Unterfranken und Aschaffenburg, Bd. 21/Heft 3. Würzburg 1872.

[68] Kupčik, Ivan: *Alte Landkarten von der Antike bis zum Ende des 19. Jahrhunderts.* Prag 1980.

[69] Lehfeldt - Voss: *Bau- und Kunst-Denkmäler Thüringens.* Jena 1907.

[70] Lutz, Heinrich: *Erasmus-Macchiavelli: Krieg und Frieden im Werden der neuzeitlichen Staaten* (Festvortrag). In: Tätigkeitsbericht der Österreichischen Akademie der Wissenschaften 1984 - 1985. Wien 1986.

[71] Mackensen, Ludolf von: *Die erste Sternwarte Europas mit ihren Instrumenten und Uhren.* München 1982.

[72] Madariaga, Salvador de: *Kolumbus - Entdecker neuer Welten.* Bern 1966.

[73] Mett, Rudolf: *Regiomontanus und die Entdeckungsfahrten im 15. Jahrhundert.* In: Mitteilungen der Österreichischen Gesellschaft für Wissenschaftsgeschichte. Jahrg. 13, 1 - 2. Wien 1993.

[74] Mett, Rudolf: *Dem Kometen entgegen.* In: Mitteilungen der Österreichischen Gesellschaft für Geschichte der Naturwissenschaften, Heft 3 - 4, 5. Jahrg. Wien 1985.

[75] Mett, Rudolf: *Der Königsberg im Haßgau.* Hofheim 1980.

[76] Mett, Rudolf: *Herkunft und Familie des Johannes Müller von Königsberg.* In: Regiomontanus-Studien. Wien 1980.

[77] Mett, Rudolf: *Regiomontanus in Italien.* In: Österr. Akademie der Wissenschaften, phil.-hist. Kl., Sitzungsberichte Bd. 520. Wien 1989.

[78] Mett, Rudolf: *Regiomontanus in Ungarn - Zur Ausstellung in der Schallaburg bei Melk.* In: Frankenland Heft 9/10. Würzburg 1982.

[79] Mett, Rudolf: *Von Königsberg nach Rom*, 2. Aufl. Hofheim 1983.

[80] Meuthen, Erich: *Zum Itinerar der deutschen Legation Bessarions (1460 - 61).* In: Quellen und Forschungen aus italienischen Archiven und Bibliotheken. Tübingen 1957.

[81] Mohler, Ludwig: *Kardinal Bessarion als Theologe, Humanist und Staatsmann, I. Band - Darstellung -.* Paderborn 1923.

[82] Mucke, Hermann: *Planetariums-Demonstrationen.* In: Regiomontanus-Studien. Wien 1980.

[83] Mulzer, Erich: *Giebelmännlein, Schlöte, Hahnenkämme und andere Einzelheiten der Nürnberger Dacharchitektur.* In: MVGN 56. Band, 1969.

[84] Nagel, Fritz: *Nicolaus Cusanus und die Entstehung der exakten Wissenschaften, Buchreihe der Cusanus-Gesellschaft, Band IX.* Münster 1984.

[85] Nöstlinger, Ernst: *Den Osten im Westen suchen - Die Lebensgeschichte des Christoph Kolumbus.* Weinheim-Basel 1991.

[86] Oelenheinz, Leopold: *Von Johannes Regiomontanus.* In: Frankenspiegel. Coburg 1919.

[87] Pilz, Kurt: *600 Jahre Astronomie in Nürnberg.* Nürnberg 1977.

[88] Pleticha, Heinrich: *Christoph Kolumbus - Der Beginn der Neuzeit.* Gütersloh 1987.

[89] Pohl, Ekhard: *Astronomische Tradition Nürnbergs.* In: Regiomontanus-Studien. Wien 1980.

[90] Reich, Karin: *Problems of Calendar Reform from Regiomontanus to the Present.* In: Ernst Zinner, Regiomontanus - His Life and Work. Translatend by Ezra Brown, Department of Mathematics Virginia Tech. Virginia, U.S.A. Amsterdam-NewYork-Oxford-Tokyo 1990.

[91] Reinhold, Erasmus: *Oratio de Joanne Regiomontano Mathematico, in renunciatione gradus Magisterij philosophici.* In: (Ph. Melanchthon) Selectarum Declamationum Philippi Melanthonis, quas conscripsit et partim ipse in Schola Vitebergensi recitavit, partim alijs recitandas exhibuit 4. Straßburg 1562.

[92] Richter, Erwin: *Einwirkung auf Entstehung des Bärmutterkrötenopfers.* In: Wege der Forschung, Bd. Volksmedizin - Probleme u. Forschungsgeschichte, Hrsg. Elfriede Grabner. Darmstadt 1967.

[93] Rose, Paul Lawrence: *The Italian Renaissance of Mathematics.* Genève 1975.

[94] Rosen, Edward: *Dictionary of Scientific Biography XI.* New York 1975.

[95] Rücker, Elisabeth: *Die Schedelsche Weltchronik - Das größte Buchunternehmen der Dürer-Zeit.* München 1973.

[96] Sagan, Carl: *Unser Kosmos.* München 1989.

[97] Schäfer, Hans-Peter: *Die Entwicklung des Straßennetzes im Raum Schweinfurt bis zur Mitte des 19. Jahrhunderts.* In: Mainfränkische Studien 13. Würzburg 1976.

[98] Schaifers, Karl u. Traving, Gerh.(Bearb.): *Meyers Handbuch über das Weltall,* 5. Aufl. Mannheim 1973.

[99] Scherg, Theodor J.: *Franconica - Regest aus dem Vatikan 1464 - 1492.* In: Archivalische Zeitschrift N. F. 16. Band, 1909.

[100] Schmeidler, Felix (Hrsg.): *Joannis Regiomontani Opera collectanea.* Osnabrück 1972.

[101] Schmeidler, Felix: *Die Astronomie des Copernicus.* In: Nikolaus Copernicus zum 500. Geburtstag, hrsg. von Kaulbach-Bargenda-Blühdorn. Köln-Wien 1973.

[102] Schmeidler, Felix: *Supplements to Zinner's Book.* In: Ernst Zinner, Regiomontanus - His Life and Work. Amsterdam-NewYork-Oxford-Tokyo 1990.

[103] Schnall, Uwe: *Navigationstechnische Voraussetzungen der Entdeckungsfahrten im 15. Jahrhundert.* In: Anz. Germ. Nationalmuseum Nürnberg. Nürnberg 1991.

[104] Schöner, Andreas: *Opera mathematica Johannis Schoneri* (Norimbergae 1551 und 1562), sowie: *In effigiem d. Joan. Schoneri Philip Melanchthonis Carmen.* In: Jahresbericht d. Melanchthon-Gymnasiums Nürnberg. Nürnberg 1969/70.

[105] Schubert, Friedrich Theodor: *Populäre Astronomie, 1. Teil.* Kayserl. Akademie der Wissenschaften. St. Petersburg 1804.

[106] Solger, Ernst: *Geschichte der Stadt und des Amtes Königsberg in Franken.* Coburg 1894.

[107] Steuer, Albert: *Ein Schwalbennest am Riesendom.* In: Deutsche Tagespost Nr. 108, 1986.

[108] Stromer, Wolfgang von: *Regiomontanus und Nürnberg 1471 - 1475.* In: Regiomontanus-Studien. Wien 1980.

[109] Uiblein, Paul: *Die Universität Wien im 14. und 15. Jahrhundert.* In: Das alte Universitätsviertel in Wien 1385 - 1985, Schriftreihe des Universitätsarchivs, 2. Band, Hrsg.: G. Hamann, K. Mühlberger, F. Skacel. Wien 1985.

[110] Uiblein, Paul: *Die Wiener Universität.* In: Regiomontanus-Studien. Wien 1980.

[111] Vergilius, Maro P.: *Aeneis - Auswahl -*, eingeleitet u. erläutert von Hans Oppermann. Braunschweig 1964.

[112] Vogel, Kurt: *Die erste deutsche Algebra aus dem Jahre 1482.* In: Abhandlungen der Bayer. Akademie der Wissenschaften, math.-naturw. Klasse, Heft 160. München 1981.

[113] Wattenberg, Diedrich: *Astronomische Instrumente.* In: Regiomontanus-Studien. Wien 1980.

[114] Wawrik, Franz: *Von den Anfängen bis ins Mittelalter.* In: Österreich auf alten Karten und Ansichten - Handbuch und Katalog der Österr. Nationalbibliothek, hrsg. v. Franz Wawrik und Elisabeth Zeilinger. Graz 1989.

[115] Weiss, Elmar: *Der Pfeiffer von Niklashausen.* Osterburken 1984.

[116] Wieland, Michael: *Das Augustinerkloster und die adelige Schwesterschaft der Agelblume zu Königsberg i. Franken.* Würzburg 1895.

[117] Wingen-Trennhaus, Angelika: *Geographie von Ptolemaeus zu Pirckheimer.* In: Anz. Germ. Nationalmuseum Nürnberg. Nürnberg 1991.

[118] Wussing, Hans: *Regiomontanus als Student in Leipzig.* In: Regiomontanus-Studien. Wien 1980.

[119] Ziegler, Alexander: *Regiomontanus - ein geistiger Vorläufer des Columbus.* Dresden 1874.

[120] Zierer, Otto: *Christoph Columbus.* Bayreuth 1978.

[121] Zinner, Ernst (Einleitg.): *Der deutsche Kalender des Johannes Regiomontan, Nürnberg um 1474* - Faksimiledruck -. Leipzig 1937.

[122] Zinner, Ernst: *Entstehung und Ausbreitung der copernicanischen Lehre*, 2. Aufl., durchg. u. erg. v. H. M. Nobis und F. Schmeidler. München 1988.

[123] Zinner, Ernst: *Feinmechanische Geräte - Meisterwerke der Renaissancezeit.* In: Deutsches Museum - Abhandlungen und Berichte, 15. Jahrg., Heft 1. Berlin 1943.

[124] Zinner, Ernst: *Kolumbus und die deutsche Astronomie.* In: Zeitschrift Forschungen und Fortschritte, 11. Jahrg. Nr. 29, 1935.

[125] Zinner, Ernst: *Kolumbus und die Ephemeriden des Regiomontanus.* In: Petermanns geographische Mitteilungen 1935.

[126] Zinner, Ernst: *Leben und Wirken des Johannes Müller von Königsberg, genannt Regiomontanus*, 1. Aufl. München 1938.

[127] Zinner, Ernst: *Neue Regiomontan-Forschungen und ihre Ergebnisse.* In: Sudhoffs Archiv f. Geschichte der Medizin u. d. Naturwissenschaften, 37. Band, Heft 2. Wiesbaden 1953.

Personenverzeichnis

Sachwortverzeichnis

GPSR Compliance

The European Union's (EU) General Product Safety Regulation (GPSR) is a set of rules that requires consumer products to be safe and our obligations to ensure this.

If you have any concerns about our products, you can contact us on ProductSafety@springernature.com

In case Publisher is established outside the EU, the EU authorized representative is:

Springer Nature Customer Service Center GmbH
Europaplatz 3
69115 Heidelberg, Germany

Batch number: 10815962

Printed by Printforce, the Netherlands